图书在版编目（CIP）数据

你不知道的生物化学 / 李华金编 . —成都：成都地图出版社，2013.5（2021.11 重印）
（换个角度看世界）
ISBN 978 – 7 – 80704 – 685 – 1

Ⅰ.①你… Ⅱ.①李… Ⅲ.①生物化学 – 青年读物②生物化学 – 少年读物 Ⅳ.①Q5–49

中国版本图书馆 CIP 数据核字（2013）第 076204 号

换个角度看世界——你不知道的生物化学
HUANGE JIAODU KAN SHIJIE—NI BU ZHIDAO DE SHENGWU HUAXUE

责任编辑：游世龙
封面设计：童婴文化

出版发行：成都地图出版社
地　　址：成都市龙泉驿区建设路 2 号
邮政编码：610100
电　　话：028 – 84884826（营销部）
传　　真：028 – 84884820

印　　刷：三河市人民印务有限公司
（如发现印装质量问题，影响阅读，请与印刷厂商联系调换）

开　　本：710mm × 1000mm　1/16
印　　张：14　　　　　　字　　数：230 千字
版　　次：2013 年 5 月第 1 版　印　　次：2021 年 11 月第 8 次印刷
书　　号：ISBN 978 – 7 – 80704 – 685 – 1
定　　价：39.80 元

生物，是有生命的个体。生物最重要和最基本的特征在于生物进行新陈代谢及遗传。在生命系统结构层次中，细胞是基石，离开细胞，就没有神奇的生命乐章，更没有地球上那瑰丽的生命画卷。

我们知道，除了水和无机盐之外，细胞主要由碳原子与氢、氧、氮、磷、硫等结合组成，分为大分子和小分子两大类。前者包括蛋白质、核酸、多糖和以结合状态存在的脂质；后者有维生素、激素、各种代谢中间物以及合成生物大分子所需的氨基酸、核苷酸、糖、脂肪酸和甘油等。

生物化学，就是研究生物体中的化学物质和化学反应的一门学科，它主要研究细胞内各组分，如蛋白质、糖类、脂类、核酸等生物大分子的结构和功能。

生物化学这一名词的出现大约在 19 世纪末、20 世纪初，但它的起源可追溯得更远，其早期的历史是生理学和化学的早期历史的一部分。例如 18 世纪 80 年代，拉瓦锡证明呼吸与燃烧一样是氧化作用，几乎同时科学家又发现光合作用本质上是动物呼吸的逆过程。

在尿素被人工合成之前，人们普遍认为非生命物质的科学法则不适用于生命体，并认为只有生命体能够产生构成生命体的分子（即有机分子）。直到 1828 年，化学家弗里德里希·维勒成功合成了尿素这一有机分子，证明了有机分子也可以被人工合成。

生物化学研究起始于 1833 年，安塞姆·佩恩发现了第一个酶，淀粉酶。1896 年，爱德华·毕希纳阐释了一个复杂的生物化学进程：酵母细胞提取液中的乙醇发酵过程。"生物化学"这一名词在 1882 年就已经有人使用，但直到 1903 年，当德国化学家卡尔·纽伯格使用后，"生物化学"这一词汇才被广泛接受。

随后生物化学不断发展，特别是从 20 世纪中叶以来，随着各种新技术的出现，例如色谱、X 射线晶体学、核磁共振、放射性同位素标记、电子显微学，生物化学有了极大的发展，这些技术使得研究许多生物分子结构和细胞代谢途径，如糖酵解和三羧酸循环成为可能。

在 21 世纪，生物化学将成为科学技术的主角，其核心是其引人瞩目的发展，涉及医药学、农学、生物能源的开发、环境治理、酶工程、微生物采矿、医用生物材料等许多领域。所以，我们更应该多了解一些关于生物化学的知识，才不会落伍于世界科技发展潮流。

本书共分 8 个章节，文字简练，条理清晰，深入浅出，是本难得的科普读物。

CONTENTS
目录 你不知道的生物化学

认识生物化学

　　生物化学是研究生物体的化学组成及其变化规律的科学，是从分子水平和化学变化的本质上探讨并阐明生命现象的。生物化学就是生命的化学。

　　生物化学从早期对生物总体组成的研究，进展到对各种组织和细胞成分的精确分析，目前正在运用诸如光谱分析、同位素标记、X射线衍射、电子显微镜以及其他物理学、化学技术，对重要的生物大分子（如蛋白质、核酸等）进行分析，以期说明这些生物大分子的多种多样的功能与它们特定的结构关系。而所有的这些成果都将会对人类社会产生重大影响。

什么是生物化学

生物化学这一名词的出现大约在 19 世纪末 20 世纪初，但它的起源可追溯得更远，其早期的历史是生理学和化学的早期历史的一部分。例如 18 世纪 80 年代，拉瓦锡证明呼吸与燃烧一样是氧化作用，几乎同时科学家又发现光合作用本质上是动物呼吸的逆过程。又如 1828 年 F·沃勒首次在实验室中合成了一种有机物——尿素，打破了有机物只能靠生物产生的观点，给"生机论"以重大打击。1860 年 L·巴斯德证明发酵是由微生物引起的，但他认为必须有活的酵母才能引起发酵。1897 年毕希纳兄弟发现酵母的无细胞抽提液可进行发酵，证明没有活细胞也可进行如发酵这样复杂的生命活动，终于推翻了"生机论"。

基本小知识

光合作用

光合作用，即光能合成作用，是植物、藻类和某些细菌，在可见光的照射下，经过光反应和碳反应，利用光合色素，将二氧化碳（或硫化氢）和水转化为有机物，并释放出氧气（或氢气）的生化过程。

生物化学是生命的化学，是研究生物体的化学组成和化学变化规律的科学，即以生物体（包括人、动物、植物、微生物和病毒）为研究对象，运用化学的原理、方法研究生物体的物质组成、结构、性质、结构与功能的关系、物质在体内发生的化学变化以及这些变化与生命活动之间关系的科学，通过对生物体物质构成、变化规律的了解，达到认识生命现象的本质，并将这些知识应用于工、农、医等领域的目的。

生物化学的内容是什么

组成生物体的化学元素主要是 C、H、O、N、P、S 和 Ca、Mg、Na、K、

Cl 等元素。这些元素构成的各种有机化合物和无机化合物存在于体内。其中，蛋白质（酶）、核酸（DNA 和 RNA）、糖复合物和复合脂类等聚合物的相对分子质量较大，成为生物大分子。静态生物化学研究蛋白质、核酸、糖类和脂类等生命物质的化学组成、分子结构和理化性质以及它们在生物机体内的分布和所起的作用。

动态生物化学研究生命物质在生物机体中的新陈代谢及其规律，研究物质的消化、吸收—中间代谢—废物排泄过程。中间代谢包括生物大分子在细胞中的分解、合成、转化和能量转移的过程和规律。机体的各种代谢活动是在一系列酶的作用下被调控着有条不紊地进行的。

生物化学同时也是一门实验学科，生物化学的一切成果均建立在严谨的科学实验基础之上。这些技术包括生物大分子的提取、分离、纯化与检测技术，生物大分子组成成分的序列分析和体外合成技术，物质代谢与信号转导的跟踪检测技术以及基因重组、转基因、基因剔除、基因芯片等基因研究的相关技术等。生

你知道吗

什么是大分子

大分子是相对分子质量在 5000 以上，甚至超过百万的生物学物质，如蛋白质、核酸、多糖等。它与生命活动关系极为密切，由被认为单体的简单分子单位所组成。

物化学技术不是单纯的化学技术，其中融入了生物学、物理学、免疫学、微生物学、药理学等知识与技术，作为其研究手段。这些技术的发展以及新技术、新仪器的不断涌现，促进了生物化学的发展，同时也推动了其他学科的发展。

▶ 生物化学的发展情况

生物化学的发展大体可分为三个阶段。

第一阶段：从 19 世纪末到 20 世纪 30 年代，主要是静态的描述性阶段，对生物体各种组成成分进行分离、纯化、结构测定、合成及理化性质的研究。

其中菲舍尔测定了很多糖和氨基酸的结构，确定了糖的构型，并指出蛋白质是肽键连接的。1926年萨姆纳制得了脲酶结晶，并证明它是蛋白质。

此后四五年间诺思罗普等人连续结晶了几种水解蛋白质的酶，指出它们都无例外地是蛋白质，确立了酶是蛋白质这一概念。通过食物的分析和营养的研究发现了一系列维生素，并阐明了它们的结构。

与此同时，人们又认识到另一类数量少而作用重大的物质——激素。它和维生素不同，不依赖外界供给，而由动物自身产生并在自身中发挥作用。肾上腺素、胰岛素及肾上腺皮质所含的甾体激素都在这一阶段发现。

拓展阅读

结晶的过程

溶质从溶液中析出的过程，可分为晶核生成（成核）和晶体生长两个阶段，两个阶段的推动力都是溶液的过饱和度（溶液中溶质的浓度超过其饱和溶解度之值）。晶核的生成有三种形式：即初级均相成核、初级非均相成核及二次成核。溶液的过饱和度，与晶核生成速率和晶体生长速率都有关系。

此外，中国生物化学家吴宪在1931年提出了蛋白质变性的概念。

第二阶段：约在20世纪30～50年代，主要特点是研究生物体内物质的变化，即代谢途径，所以称为动态生化阶段。其间突出成就是确定了糖酵解、三羧酸循环以及脂肪分解等重要的分解代谢途径。对呼吸、光合作用以及三磷酸腺苷（ATP）在能量转换中的关键位置有了较深入的认识。

当然，这种阶段的划分是相对的。人们对生物合成途径的认识要晚得多，在20世纪50～60年代才阐明了氨基酸、嘌呤、嘧啶及脂肪酸等的生物合成途径。

第三阶段：从20世纪50年代开始，主要特点是研究生物大分子的结构与功能。生物化学在这一阶段的发展以及物理学、技术科学、微生物学、遗传学、细胞学等其他学科的渗透，产生了分子生物学，并成为生物化学的主体。

🔍 生物化学和其他学科的关系

　　生物化学对其他各门生物学科的深刻影响首先反映在与其关系比较密切的细胞学、微生物学、遗传学、生理学等领域。通过对生物高分子结构与功能进行的深入研究，揭示了生物体物质代谢、能量转换、遗传信息传递、光合作用、神经传导、肌肉收缩、激素作用、免疫和细胞间通讯等许多奥秘，使人们对生命本质的认识跃进到一个崭新的阶段。

你知道吗

细胞学的研究内容是什么

　　细胞学是研究细胞结构和功能的生物学分支学科。关于结构的研究不仅要知道它是由哪些部分构成的，而且要进一步搞清每个部分的组成。相应地，关于功能不仅要知道细胞作为一个整体的功能，而且要了解各个部分在功能上的相互关系。

　　生物学中一些看来与生物化学关系不大的学科，如分类学和生态学，甚至在探讨人口控制、世界食品供应、环境保护等社会性问题时都需要从生物化学的角度加以考虑和研究。

　　此外，生物化学作为生物学和物理学之间的桥梁，将生命世界中所提出的重大而复杂的问题展示在物理学面前，产生了生物物理学、量子生物化学等边缘学科，从而丰富了物理学的研究内容，促进了物理学和生物学的发展。

　　生物化学的研究者们不仅应用生物化学特有的技术，而且越来越多地从遗传学、分子生物学和生物物理学的技术和思路中获得启迪，综合利用。因此，这些学科间越来越多地相互融合，不再有明确的分界线。而生物化学和分子生物学更是基本上相互结合在一起了。

　　生物化学主要研究化学物质在生物体关键的生命进程中的作用。

　　遗传学主要研究生物体间遗传差异的影响。这些影响常常可以通过研究正常遗传组分（如基因）的缺失来推断，如研究缺少了一个或多个正常功能性遗传组分的突变型与正常表现型（又称为"野生型"）之间的关系。

分子生物学主要研究遗传物质的复制、转录和翻译进程中的分子基础。分子生物学的中心法则认为"DNA 制造 RNA，RNA 制造蛋白质，蛋白质反过来协助前两项流程，并协助 DNA 自我复制"。虽然这一描述对分子生物学所涵盖的内容过于简单化（特别是 RNA 的新功能仍在不断发现中），但仍不失为了解这一领域的很好的起点。

化学生物学则注重于发展新的基于小分子的工具，从而在只对生物学系统引入微小的干扰的情况下，对它们所发挥的功能提供更具体的信息。而且，化学生物学还利用生物学系统合成由生物分子和合成装置组成的非天然杂合物，如将药物分子装入空的病毒颗粒来进行更为有效的治疗。

生物化学是在医学、农业、某些工业和国防部门的生产实践推动下成长起来的，反过来，它又促进了这些部门生产实践的发展。

医学生化：对一些常见病和严重危害人类健康的疾病的生化问题进行研究，有助于进行预防、诊断和治疗。如血清中肌酸激酶同工酶的电泳图谱用于诊断冠心病、转氨酶用于肝病诊断、淀粉酶用于胰腺炎诊断等。在治疗方面，磺胺药物的发现开辟了利用抗代谢物作为化疗药物的新领域，如 5－氟尿嘧啶用于治疗肿瘤。青霉素的发现开创了抗生素化疗药物的新时代，再加上各种疫苗的普遍应用，使很多严重

拓展阅读

器官移植的分类

器官移植可分为：自体移植，指移植物取自受者自身；同系移植，指移植物取自遗传基因与受者完全相同或基本相似的供者；同种移植，指移植物取自同种但遗传基因有差异的另一个体；异种移植，指移植物取自异种动物。

危害人类健康的传染病得到控制或基本被消灭。生物化学的理论和方法与临床实践的结合，产生了医学生化的许多领域，如研究生理功能失调与代谢紊乱的病理生物化学，以酶的活性、激素的作用与代谢途径为中心的生化药理学，与器官移植和疫苗研制有关的免疫生化等。

农业生化：农林牧副渔各业都涉及大量的生化问题，如防治植物病虫害使用的各种化学和生物杀虫剂以及病原体的鉴定、筛选和培育农作物良种所

进行的生化分析、家鱼人工繁殖时使用的多肽激素、喂养家畜的发酵饲料等。随着生化研究的进一步发展，不仅可望采用基因工程的技术获得新的动植物良种和实现粮食作物的固氮，而且有可能在掌握了光合作用机理的基础上，使整个农业生产的面貌发生根本的改变。

工业生化：生物化学在发酵、食品、纺织、制药、皮革等行业都显示了威力，如皮革的鞣制、脱毛，蚕丝的脱胶，棉布的浆纱都用酶法代替了老工艺。近代发酵工业、生物制品及制药工业包括抗生素、有机溶剂、有机酸、氨基酸、酶制剂、激素、血液制品及疫苗等均创造了相当巨大的经济价值，特别是固定化酶和固定化细胞技术的应用更促进了酶工业和发酵工业的发展。

20世纪70年代以来，生物工程受到很大重视。利用基因工程技术生产贵重药物进展迅速，包括一些激素、干扰素和疫苗等。基因工程和细胞融合技术用于改进工业微生物菌株不仅能提高产量，还有可能创造新的抗菌素杂交品种。一些重要的工业用酶，如 α - 淀粉酶、纤维素酶、青霉素酰化酶等的基因克隆均已成功，正式投产后将会带来更大的经济效益。

广角镜

神经性毒剂的危害

神经性毒剂属有机磷或有机磷酸酯类化合物。这类毒剂特别对脑、膈肌和血液中乙酰胆碱酯酶活性有强烈的抑制作用，致使乙酰胆碱在体内过量蓄积，从而引起中枢和外周胆碱能神经系统功能严重紊乱。因其毒性强、作用快，能通过皮肤、黏膜、胃肠道及肺等途径吸收引起全身中毒，加之性质稳定、生产容易、使用性能良好，因此成为外军装备的主要化学战剂。

国防方面的应用：防生物战、防化学战和防原子战中提出的课题很多与生物化学有关，如射线对于机体的损伤及其防护、神经性毒气对胆碱酯酶的抑制及解毒等。

不可不知的生命物质

　　生物体是由一定的物质成分按严格的规律和方式组织而成的。人体约含水 55%~67%，蛋白质 15%~18%，脂类 10%~15%，无机盐 3%~4% 及糖类 1%~2% 等。从这个分析来看，人体的组成除水及无机盐之外，主要就是蛋白质、脂类及糖类三类有机物质。

　　其实，除此三大类之外，还有核酸及多种有生物学活性的小分子化合物，如维生素、激素、氨基酸及其衍生物、肽、核苷酸等。这些大而复杂的分子称为"生物分子"。生物体不仅由各种生物分子组成，也由各种各样有生物学活性的小分子所组成，足见生物体在组成上的多样性和复杂性。

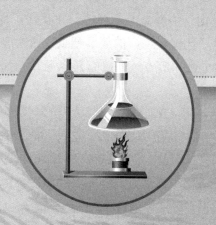

 生命是什么

冯·贝尔勒伯爵是一位富有的单身汉，特别喜爱花卉。在他的花园里种满了各种各样的鲜花，但他最喜爱的还是郁金香。他把这种美丽的花卉栽种了一代又一代，只盼望能够培育出黑色的郁金香来参加国王举办的比赛。巨额的奖金吸引着成千上万的人，冯·贝尔勒伯爵的邻居博斯坦尔也是其中之一。这个人心地险恶，为了达到自己的目的，竟使出诡计陷害冯·贝尔勒，伯爵因此而进了监狱。在狱中，

你知道吗

大仲马的小说有什么特点

大仲马小说多达百部，大都以真实的历史作背景，以主人公的奇遇为内容，情节曲折生动，处处出人意外，堪称历史惊险小说。异乎寻常的理想英雄，急剧发展的故事情节，紧张的打斗动作，清晰明朗的完整结构，生动有力的语言，灵活机智的对话等构成了大仲马小说的特色。其中最著名的是《三个火枪手》（旧译《三剑客》）、《基督山伯爵》。

冯·贝尔勒伯爵爱上了监狱长的女儿罗莎。罗莎帮助冯·贝尔勒一起栽种郁金香，眼看着郁金香就要开出他们梦寐以求的黑色花朵了，但博斯坦尔偷走了伯爵的黑郁金香。就在博斯坦尔将要骗取国王的赏赐而获得巨额奖金时，罗莎出现了。真相大白，伯爵被无罪释放，并获得了那份应得的巨额奖赏。这是大仲马的小说《黑色郁金香》的故事梗概。这位浪漫主义的文学大师讲述的是一个纯属虚构的故事呢？还是确有其事呢？让我们先翻开欧洲的历史来查一查吧！

郁金香是荷兰的名花。在首都阿姆斯特丹的一个博物馆里，至今还保存着1619年荷兰画家的一幅郁金香静物画。这是一株染病的郁金香，因为染病后花色异乎寻常的漂亮，因此人们对这种染病郁金香的喜爱也达到了狂热的程度。据记载，一个染病的郁金香球茎能够换取牛、猪、羊甚至成吨的谷物或上千磅的奶酪。可见当时这种染病球茎的珍贵程度。

究竟是什么病害使得郁金香开出如此艳丽的碎色花呢？一无所知！当时

的郁金香种植者只知道用嫁接的方法，可使健康球茎变成染病球茎。

200 多年后，1892 年，俄国植物学家伊万诺夫斯基在研究烟草的花叶病时发现：当把患花叶病的烟叶绞出的汁涂在其他健康的烟叶上时，该烟叶也得了花叶病。用细菌过滤器过滤该汁液，去除所有细菌，再把汁液涂在新叶上，结果还是得花叶病！因此，伊万诺夫斯基认为花叶病的病原是比细菌过滤孔还要小的生物。可是，当时不管用什么方法，都没能找到这种比细菌还小的生物。

最早将显微镜用于科学观察的人

最早的显微镜是 16 世纪末期在荷兰人亚斯·詹森发明的，但发明者并没有用这些仪器做过任何重要的观察。后来有两个人开始在科学上使用显微镜。第一个是意大利科学家伽利略。他通过显微镜观察到一种昆虫后，第一次对它的复眼进行了描述。第二个是荷兰亚麻织品商人安东尼·凡·列文虎克，他自己学会了磨制透镜。他第一次描述了许多肉眼所看不见的微小植物和动物。

1898 年，著名细菌学家科赫的学生勒夫勒发现牛口蹄疫的病原同样能通过细菌过滤器孔，但他用显微镜也没能找到该病菌。勒夫勒断定这是一类非常小的病菌。同时，他认为天花和狂犬病的病原也是这一类非常小的病菌，这类人们无法找到的细小的病原体，都被称为病毒。而郁金香碎色花病也就成了第一个有记载的植物病毒病。

1935 年，美国生物化学家斯坦利第一次把病毒提取并结晶出来。他几乎磨了上吨重的染病的烟叶，最后终于获得了一小匙在显微镜下看起来是针状结晶的物质。把结晶物溶解在水中，水就出现乳光；再蘸少许溶液涂抹在健康烟叶上，几天以后这棵烟草也得了同样类型的花叶病！提纯得到的物质确是有侵染性的烟草花叶病毒！这一结果使学者们大吃一惊：生物竟会变成结晶体？确实如此！美国加州大学原来的斯坦利实验室里，仍然保留着一个标注着"TOB. MOS."字样的试剂瓶，其中盛放着斯坦利当年第一次提纯的烟草花叶病毒结晶，并且至今仍然具有侵染力。斯坦利本人也因此而获得了 1946 年的诺贝尔化学奖。

从 1892—1935 年这 47 年间，人们积累了有关病毒特性的大量事实。认为病毒可以传染、繁殖，甚至变异，是活生生的生命体。像食盐、糖这类无生命的物质形成结晶，人们是可以理解的，可是，怎么活的病毒也能结晶，而且结晶盛放在瓶子里就跟一般化学物质一样没什么特别，人们觉得非常奇怪。为了解开这个谜，鲍登和皮里这两位英国生物化学家做了大量细致的研究，发现烟草花叶病毒含有 95% 的蛋白质和 5% 的核酸，除此之外，不再含有其他化学物质。

原来，烟草花叶病毒是核酸和蛋白质！接着其他一些被纯化的病毒也被证明是核酸和蛋白质，它们不是含有脱氧核糖核酸（DNA），就是含有核糖核酸（RNA）。"活"和"死"的差别，就在于核酸和蛋白质的差别，在于有什么核酸。生物体的遗传物质，就寓于核酸之中。生物的各种性状都是由核酸组成的基因所控制的。病毒有核酸，有基因，因此病毒具有生命的真正本质。在没有发现病毒之前，生物与非生物的概念似乎是比较清楚的。生物是指动物、植物、细菌等，而各种化学物质，甚至分子量较大的蛋白质都属于非生物。病毒的出现模糊了这种界限：病毒具有生物最重要的特性——繁殖、遗传和变异，同时又具有大分子化学物质的性质。病毒作为大分子的核蛋白质，可以独立地存在于空气、土壤等自然环境中，这时并不表现出生命的活力，而一旦遇到合适的寄主，便可侵入到寄主的细胞里，利用寄主细胞里的原料和设备再来复制、繁殖自己。当寄主、温度等环境条件改变时，病毒就会表现出变异。可见，病毒具有生物体和化学大分子物质的双重特性，它填补了从化学大分子物质到具细胞结构的最原始生物体之间的空缺。

让我们进一步来研究人类历史上第一次获得的病毒结晶——烟草花叶病毒结晶。针状——这是结晶的形状，而不代表病毒的形状。对于烟草花叶病毒来说，一个结晶常包含成千上万个病毒颗粒。颗粒很小，正如勒夫勒等前辈苦恼的那样，无法在光学显微镜下看到。物理化学家们研究推断：烟草花叶病毒颗粒是细杆状的。

20 世纪 30 年代末，世界上第一台电子显微镜诞生了。1939 年，考雪通过电子显微镜第一次看到了烟草花叶病毒的颗粒，它确实是杆状的。这条杆的直径有 15 毫微米，长度有 300 毫微米。如果将这条杆放大 13 万倍的话，那么它正好跟一根火柴梗差不多长；而火柴梗要是放大这些倍数的话，则一根火柴就要有 5 千米长了。烟草花叶病毒以及其他所有病毒都不具备一般生物体所共有的那种典型的细胞结构，但所有的病毒都具有一个由蛋白质构成的外壳，壳内包着螺旋状的核酸内芯（RNA 或 DNA），从外形看起来，除了棒状，常见的还有球状病毒。原来，生命竟可以如此简洁！但它们对人类的影响却远不是那么简单。

"生命是什么?"通过病毒，我们可以得出结论：生命是核蛋白质。核酸和蛋白质是生物体内最基本、最重要的物质，没有核酸和蛋白质，也就没有生命。

1869 年，年轻的瑞士生物化学家米歇尔到德国化学家赛勒手下当助手。赛勒的实验室附近有一所医院，在医院的垃圾箱里常扔着许多用过的绷带。一天，米歇尔走过垃圾箱，又看到了这些丢弃的绷带，上面还沾着脓液。当时已经知道，脓是由因保卫身体而"战死"的白细胞的尸体和被杀死的细菌的尸体形成

拓展阅读

电子显微镜的分类

电子显微镜按结构和用途可分为透射式电子显微镜、扫描式电子显微镜、反射式电子显微镜和发射式电子显微镜等。透射式电子显微镜常用于观察那些用普通显微镜所不能分辨的细微物质结构；扫描式电子显微镜主要用于观察固体表面的形貌，也能与 X 射线衍射仪或电子能谱仪相结合，构成电子微探针，用于物质成分分析；发射式电子显微镜用于自发射电子表面的研究。

的。米歇尔看着这些脓液，脑中突然闪出一个问题：脓液是些什么物质呢？于是，米歇尔收集了一些脓液带回实验室，先用蛋白酶处理脓液，发现脓细胞变小了，但细胞核内的物质并没有被分解掉。这说明细胞核内的物质不是蛋白质。经过进一步的化学分析发现这是一种含磷的物质，但性质和蛋白质完全不同。因为是在细胞核中发现的，所以当时就称为"核素"。不久，米歇尔又从鲑鱼的精子细胞中分离出了核素，而且精子细胞中的核素含量特别多。20 年以后，化学家奥特曼也从酵母菌、动物等细胞中分离出了不含蛋白质的核素，并且发现核素是一种较强的酸，于是就把核素改名为核酸。实际上，任何有机体，包括病毒、细菌、植物和动物，无一例外地都含有核酸。后来，人们对它逐渐有了更多的了解，于是给它起了个新的更复杂的名字，叫"脱氧核糖核酸"，简称 DNA。DNA 是经过某种复杂神秘的方式形成的很大的分子，它的发现虽然很早，但长期以来，人们一直没有认识到它的重要作用。

基本
小知识

鲑鱼

鲑鱼是深海鱼类的一种，也是一种非常有名的溯河洄游鱼类，它在淡水江河上游的溪河中产卵，产后再回到海洋肥育。它具有很高的营养价值和食疗作用。

直到 1928 年，英国科学家格里菲斯的实验才引起了整个科学界的重视。他用两种肺炎球菌作为实验材料：一种是体外包裹着荚膜，毒力很强的；另一种是体外没有荚膜，毒力很弱的。在正常情况下，把有荚膜的肺炎球菌注射进老鼠体内，老鼠很快就被感染而死亡；而注入没有荚膜的肺炎球菌，老鼠依然会欢蹦乱跳。可是，当格里菲斯将有荚膜的肺炎球菌加热彻底杀死以后，同没有荚膜的肺炎球菌混合在一起注入老鼠体内，结果老鼠竟然死了！这是怎么回事儿？格里菲斯自己也不相信。他再一次把杀死了的有荚膜的同无荚膜的肺炎球菌混合起来培养，结果又出人意料：无荚膜、毒力很弱的肺炎球菌转变成了有荚膜、毒力很强的肺炎球菌。是什么物质促成了这种转变呢？

为了解开这个谜，1944 年美国细菌学家艾佛里再次进行了实验，他将无荚膜的肺炎球菌放在试管里，只加入从有荚膜的肺炎球菌中提取的脱氧核糖核酸（DNA），结果肺炎球菌还是发生了转化，也出现了荚膜，原来是 DNA 使无荚膜的肺炎球菌长出了荚膜，这就是著名的"肺炎球菌的转化实验"。这一实验证明了 DNA 是遗传物质。直到此时，人们才开始真正认识到了 DNA 的重要性。

假如要建造一座厂房或办公大楼的话，就必须准备好一个计划或一份图纸，上面规定好施工过程的每一个细节。但是，这种计划如果要跟造一个人、哪怕一只鼠所需要的计划相比实在是无从比起啊！因为一个人全身的细胞总数有 1000 亿个以上，要造一个人就得为 1000 亿个以上的细胞以及包括产生新细胞、新生命所必需的一切东西制订出详详细细的计划来。堆放这么多计划的图纸，可真的要好大一个地方啊！

但所有这些事情，DNA 似乎都能办到。在细胞核深处的一个肉眼分辨不出的分子里面，存放着所有这些计划图纸。如此多样复杂的生命完全由 DNA

控制着。如果没有 DNA，也就不会有我们所看到的这个世界。可是，我们不禁要问：如此之多的信息怎么可能贮藏在这样小的细胞核里呢？DNA 又是怎样为整个生命传递信息的呢？它由哪些物质组成？又是什么模样呢？

广角镜

《生命是什么》的内容

薛定谔在 1944 年出版了《生命是什么》一书，它奏响了揭示生命遗传微观奥秘的先声。在书中提出了一系列天才的思想和大胆的猜想：物理学和化学原则上可以诠释生命现象；基因是一种非周期性的晶体或固体；突变是基因分子中的量子跃迁引起的，突变论是物理学中的量子论；染色体是遗传的密码本；生命以负熵为生……这些观念在当时的确是十分新奇的，也是特别引人入胜的。

世界各地的科学家都开始研究这些问题，在剑桥大学的卡文迪许实验室里，英国人弗朗西斯·克里克和美国人詹姆斯·沃森也正进行着对奇异的 DNA 的探索。克里克原是物理系的毕业生，第一次大战期间在英国海军部科学研究实验室工作。1946 年，他读到了薛定谔的名著《生命是什么?》后，改变了研究方向，在英国医学科学研究院的奖学金和家庭的经济资助下进入剑桥大学，从事生物学课题的探讨。至于沃森，他本来就一直在研究 DNA，他到剑桥大学来为的是对此做进一步的研究。他和克里克一样也是热心探索的人。本来沃森已经计划要回美国去了，突然他又改变了主意。尽管冬天没有暖气使他很不舒服，但他认为留在剑桥继续搞研究还是值得的。

和克里克、沃森经常在一起工作的还有威尔金斯和富兰克林，他们有一架放大倍数很高的显微镜，而且还拍摄了一些 DNA 分子的 X 衍射照片。他们那架显微镜当时在剑桥大学是很有权威的，可以把观察物放大 20 万～30 万倍。如果用它来观察一只苍蝇，那么苍蝇看上去差不多有 2 千米长。在这架显微镜下，神秘的细胞活动情况比过去任何时候都要看得清晰。威尔金斯和富兰克林给了沃森、克里克很大的帮助，他们就是以富兰克林的 X 衍射照片作为向导，动手制作 DNA 模型的。DNA 分子中有糖和磷酸根，先是糖，后是磷酸根，像链一样，其次是 4 种碱基——这是 4 种比较复杂的有机物，沃森、克里克将它们分别简称为 A（腺嘌呤）、G（鸟嘌呤）、C（胞嘧啶）、T（胸腺嘧啶）。他们把模型按照 X 衍射照片上所示的格式和科学规律排好了位置。

从模型中可以看出：DNA分子是向右旋转的螺旋体，它带有向着相反方向延伸的糖和磷酸盐双链。这就是"DNA分子的双螺旋结构"模型。

如果可能，你不妨想象这样一种螺旋形的楼梯。最好是你亲自去看一看，因为许多建筑为了节省空间都有这样的楼梯。支撑就是磷酸根和糖形成的链：糖—磷酸根—糖—磷酸根—糖—磷酸根……好像一节一节的链一样，然后给它配上碱基，好像给楼梯装上梯级一样。每个梯级必须由两个碱基组成，碱基有长有短，如果把两个"长"的碱基连接起来，那么做出来的梯级就太宽了，不适合这个楼梯支撑的两条链之间的空间；如果把这两个"短的"连接在一起，其结果是又太狭窄，无法布满两个支撑之间的空间。可是天然形成的结构从来就是十分合理而且完美的。沃森、克里克发现：不管哪条链上的一个"短"碱基总是跟另一条链上的一个"长"碱基连接，所以A（长的）总是和T（短的），G（长的）总是和C（短的）连接，现在我们称这一规律为"碱基配对法则"。那样，每个梯级之间的长度和宽度就能彼此完全相等了。这一结构很牢固、很平衡，是一个很好的螺旋体。

就这样，我们得到了一个长的螺旋形楼梯。假若把这楼梯的梯级都标上不同的颜色，或许会有助于你的理解。DNA分子的这一区别——指用4种不同颜色表示出来的"梯级"的不同排列顺序——能是一切生物之所以有如此惊人差异的原因吗？把地球上多姿多彩的生命给予如此简单的解释可靠吗？

回答是肯定的。

趣味点击　海星竟是食肉动物

我们对海星并不陌生。然而，我们对它的生态却了解甚少。海星看上去不像是动物，而且从其外观和缓慢的动作来看，很难想象出，海星竟是一种贪婪的食肉动物，它对海洋生态系统和生物进化还起着非同凡响的重要作用。这也就是它为何在世界上广泛分布的原因。

在一个大的DNA分子里大概有数万个"梯级"。在人体细胞里的46条染色体上约有数十万个"梯级"。如果你对遗传物质DNA能有这么大的作用仍然感到难以想象的话，那么请想一想，千歌万曲，不就是仅用了7个音符谱成的吗？而千千万万个英语单词，不也就是由26个字母组合成的吗？

所以，我们完全有根据认

为 DNA 是能够胜任它的工作的。在螺旋体内 4 种"梯级"不同的排列方式使一株花、一只蝴蝶或一个婴儿产生了他们各自所有的一切复杂特性；也正是由于 4 种"梯级"不同的排列方式，决定了在全世界几十亿人口中，每个人都是独一无二的。而且 DNA 是生物界中绝大多数有机体通用的生命蓝图，细菌、植物、动物的细胞都能够认识并按照 DNA 的指令进行工作。因此，1978年人类首次将控制人体胰岛素合成的 DNA 片段连接到大肠杆菌的 DNA 链上，通过培养大肠杆菌成功地获得了人胰岛素。1982 年用这种方法生产的人胰岛素即投入商品市场。胰岛素是治疗人类糖尿病的常用药物，过去从牛、羊、猪的胰脏中提取，每生产 100 克胰岛素常要从 1600 磅胰脏中提取。现在只需2000 升大肠杆菌培养液就可以了，而且这种胰岛素对人体更安全。

这仅仅是一个例子，随着科学的发展，生物大分子的秘密正逐渐被人们认识。是否有一天，我们能利用人体细胞内的 DNA 片段来培育一只新的手、一条新的腿或一个新的内脏器官，用它们进行移植修补人们可能发生的缺损呢？

海星能做到这一点，蠕虫也行，人能做到吗？我们翘首以待。

❥ 生命的起源

环顾广阔的自然界，我们到处都可以发现生命的踪迹，察觉到生命的活动。具有生命的有机体尽管多种多样、千差万别，但它们都有生、有死，都能在成熟之后，采取一定的方式繁殖后代。地球上的各种生物都是"远亲近戚"，都是从一些最简单、最原始的生命类型逐渐演变而来的。那么，地球上最初的生命又是怎样诞生的呢？

对于生命起源的问题，从古代到 17 世纪一直盛行着"自然发生"的观点。这一观点根据简单的观察，认为生命是从非生命物质中快速而直接地产生出来的，如从汗水中产生虱子，从腐肉中生出蛆，从潮湿的土壤中长出蛙等。直到 17 世纪初，范·赫耳蒙特还开出了制造老鼠的处方：把小麦和被汗水污湿的衬衣都放进容器进行发酵，经过 21 天就会长出活的老鼠。到了 17世纪中叶，人们开始用实验的方法探讨生命起源的问题。1669 年，意大利医生弗朗西斯科·雷第首先用实验证明肉本身并不会生出蛆，只有当蝇卵落在肉上才会长出蛆来，否定了"腐肉生蛆"的观点。19世纪，巴斯德做了一个经典的实验：将肉汤煮沸后不封闭管口，使空气通过一段由水蒸汽凝结成水液的曲颈而进入烧瓶，空气中的微生物则不能进入烧瓶，这种烧瓶中的肉汤过了几个月仍然很清洁，而在没有曲颈的烧瓶内，肉汤在几小时内就腐败了。

实验表明：液体的腐败是由于微生物的活动而引起的，如果有机浸液未被环境中的微生物所污染，就不会生出任何生命来。

那么，生命是从何而来的呢？

《旧约全书·创世记》第一章中记载着：起初，上帝创造天地。地是空虚混沌，渊面黑暗，上帝的灵运行在水面上。上帝说，要有光，就有了光。上帝称光为昼，称暗为夜，这是第一日。上帝说诸水之间要有空气，将水分为上下。于是就造出空气，上帝称空气为天，是第二日。上帝说天下的水要聚在一处，使旱地露出来。上帝称旱地为地，称水的聚处为海。上帝说地要发生青草和结种子的菜蔬，并结果子的树木，各从其类。于是地发生了青草和结种子的菜蔬，并结果子的树林，各从其类，是第三日。上帝说天上要有光体，可以分昼夜、作记号、定节令、日子、年岁，并要发光在天空，普照在地上。于是上帝造了两个大光，大的管昼，小的管夜，又造众星，摆列在天空上，普照在地上管理昼夜，分辨明暗，是第四日。上帝说水要多多滋生有生命的物，要有雀鸟飞在地面以上，天空之中。上帝就造出大鱼和水中所滋生的各样有生命的动物，又造出各种飞鸟，是第五日。上帝说地上生出活物来，牲畜、昆虫、野兽、各从其类，上帝还说，我们要照着我们的形象造人，使他们管理海里的鱼、空中的鸟、地上的牲畜和土地以及地上所爬的一切昆虫。于是上帝照着他的形象造男造女，并赐福给他们。到第六日，天地万物都造齐了。到第七日，上帝造物的工作已经完毕。

天、地、万物，乃至生命，真是由上帝在短短的6天里造就的吗？

天文学、地球化学、地球物理学、地质学、宇宙考察等方面的资料告诉我们：我们现在的太阳系——太阳、地球以及太阳系的其他行星都是由同一个宇宙尘埃云、同样一些物质形成的。地球诞生的年代大约是距今46亿年前。当时，固体尘埃聚集结合成为地球的内核，外面围绕着大量的气体，绝大部分是氢和氦。此后，由于物质集合收缩及内部放射性物质产生的大量热能，使地球的温度不断升高，大气中气体分子运动速度增大，一些分子量较小的气体终于摆脱地球的引力，不断地逸到宇宙中去。同时，强烈的太阳风也把地球外围的气体分子（如氢、氦）吹开而消失到宇宙深处。因此，在地球的历史上，虽然最初有很多的大气，但此后有一段时期，其大气层几乎完全消失了。直到地球表面温度逐渐下降以后，才重新产生大气层。

太阳的起源

一般认为，宇宙产生于 150 亿年前一次大爆炸中。大爆炸散发的物质在太空中漂游，由许多恒星组成的巨大的星系就是由这些物质构成的。大爆炸后 30 亿年，最初的物质涟漪出现。大爆炸后 20 亿～30 亿年，类星体逐渐形成。大爆炸后 100 亿年，太阳诞生。38 亿年前地球上的生命开始逐渐演化。

地球内部的高温使物质分解产生大量的气体，冲破地表释放出来。据推测，其中有二氧化碳（CO_2）、甲烷（CH_4）、水蒸气（H_2O）、硫化氢（H_2S）、氨（NH_3）、氰化氢（HCN）等。这些新产生的气体离开地表以后，很快冷却，保留在地球的外围逐渐形成一个新的大气层。这是地球第二次形成的大气层，是还原性的。另外，在强烈的紫外线作用下，有少量水蒸气分子被分解为氢分子和氧分子。氢分子因质量小而浮到大气层最高处，大部分逐渐消失到宇宙空间；氧分子则跟地面一些岩石结合为氧化物。因此，当时的大气层中不存在游离的氧。这跟以后地球上产生生命有很大的关系。

当地球表面温度下降的同时，由于内部温度仍很高，所以火山活动仍很频繁，火山爆发喷出大量的气体（包括水蒸气），另一方面，由于地壳不断发生变动，有些地方隆起成高原或山峰，有些地方收缩下降而成低地和山谷。大气层中的水蒸气很快达到饱和，冷却而成为雨水降落到地面上来，凝集在一些低凹的地方，逐渐积累形成湖泊、河流，最后汇集在地面上最低的区域，形成最初的海洋——原始海洋。

没有游离氧存在的、具还原性的原始大气和原始海洋为原始生命的形成和发展提供了条件。1876 年恩格斯提出了"化学起源说"，指出：生命的起源必然是通过化学的途径实现的。实际上，当雨水把大气中的一些生成物降到原始海洋后，原始海洋就成了生命化学演化的中心。

生命起源的化学进化过程经历了约十几亿年的时间，直到约 32 亿年前才出现了最古老的微生物。这一进化过程经历了如下几个主要阶段：

一、由无机物生成有机小分子在原始地球的条件下，当时地球原始大气中的小分子无机物（如 NH_3、H_2O、H_2S、H_2、HCN、CH_4 等）由于地球引力而逐渐增加密度，在自然界中的宇宙射线、紫外线、闪电等的作用下，就可能自然合成出氨基酸、核苷酸、单糖等一系列比较简单的有机小分子物质，完成了化学进化的第一阶段。这些有机小分子通过雨水的作用，流经湖泊和河流，最终汇集到原始海洋中。

基本小知识

宇宙射线

宇宙射线指的是来自于宇宙中的一种具有相当大能量的带电粒子流。1912 年，德国科学家韦克多·汉斯带着电离室在乘气球升空测定空气电离度的实验中，发现电离室内的电流随海拔升高而变大，从而认定电流是来自地球以外的一种穿透性极强的射线所产生的，于是有人为之取名为"宇宙射线"。

二、由有机小分子物质形成有机高分子物质。氨基酸、核苷酸的出现为有机高分子物质的产生奠定了基础。在当时的条件下，多种因素共同作用，使许多氨基酸单体脱水缩合而成蛋白质长链，许多核苷酸单体脱水缩合而成核酸长链。蛋白质、核酸是生命体不可缺少的基本成分。因此，有机高分子物质的出现标志着化学进化过程中的一次重大飞跃。

三、由有机高分子物质组成多分子体系在这一阶段，蛋白质、核酸、多糖、类脂等有机高分子物质在原始海洋中不断积累，浓度不断升高。通过水分的蒸发、黏土的吸附作用等过程，这些有机高分子物质逐渐浓缩而分离出来，它们相互作用凝聚成小滴。这些小滴漂浮在原始海洋中，外面包有原始的界膜，与周围的原始海洋环境分隔开，构成一个独立的体系——多分子体系。这种体系能够与外界环境进行原始的物质交换活力，显示出某些生命现象。因此，多分子体系是原始生命的萌芽。

四、由多分子体系发展为原始生命。从多分子体系演变为原始生命，这是生命起源过程中最复杂、最有决定意义的阶段。有些多分子体系经过长期的演变，特别是由于蛋白质和核酸这两大类物质的相互作用，终于形成具有原始新陈代谢作用和能够进行繁殖的原始生命。

最初的原始生命是在极其漫长的时间内，由非生命物质经过极其复杂的化学过程逐步演变而成的。原始生命形成以后，就进入了生物进化阶段。应该强调的是：蛋白质和核酸是生命体内最基本、最重要的物质。没有蛋白质和核酸，就没有生命。

◆ 生命的奠基石——细胞

人们很早就在探索生物体是如何构成的，可是，由于科学技术不够发达，一直没有找到答案。直到 1665 年，英国建筑师罗伯特·虎克使用自制的显微镜，观察到软木薄片上有许多像蜂窝一样的小格子，并将其命名为细胞，即小室的意思。此后，在一代又一代科学家的不懈努力下，人们终于意识到生物体在构成上有一个共同点，即无论动物，还是植物，都是由细胞构成的。19 世纪 30 年代，德国科学

你知道吗

19 世纪自然科学三大发现是什么

1. 细胞学说：细胞是动植物有机体的基本结构单位，也是生命活动的基本单位。这是对生物进化论的一个巨大的支持。2. 生物进化论：1859 年，英国生物学家和生物进化论的奠基者达尔文，在其巨著《物种起源》中提出了生物进化的自然选择学说。3. 能量守恒和转化定律：其建立了物质运动变化过程中的某种物理量间的等量关系。

家施莱登和施旺提出了细胞学说，认为一切动物和植物都是细胞的集合体，细胞是生命的基本单位。这一学说被誉为 19 世纪自然科学的三大发现之一。但是由于时代的局限性，这个学说并没有将微生物包括进去。其实，早在虎克发现细胞之前，另一个虎克，荷兰科学家列文虎克已发现微生物的存在，但是微生物学直到 19 世纪末才发展起来，现在大家都知道，除了病毒和类病毒外，其他一切生物均是由细胞构成的。

◎ 细胞结构

虽然生物体大都是由细胞构成的，可是不同的细胞却是形态各异。就样子来说，有圆的、方的、长条状的、星状的等各种不规则形状。就大小来说，最大的细胞如卵细胞（鸵鸟卵细胞直径可达十几厘米），最小的细胞直径仅1微米左右，是前者的一百万分之一。但是这些细胞在构成上却是相似的。

在电子显微镜发明之前，人们在光学显微镜下，看到动物细胞是由细胞核、细胞质和细胞膜三部分构成的，植物细胞则还有细胞壁和细胞液泡、叶绿体等结构。细胞质中隐隐约约还有一些结构。于是人们继续改进显微镜的制造工艺，不断提高放大倍数，可是后来却发现放大倍数一旦超过1500倍影像会变得很模糊（这是因为光波波长太长所致）。电子显微镜出现之后，对细胞的结构的了解可谓突飞猛进，目前科学家发现细胞主要是由下列几部分构成的：

基本小知识

叶绿体

叶绿体是植物体中含有叶绿素等用来进行光合作用的细胞器，是植物的"养料制造车间"和"能量转换站"。质体有圆形、卵圆形或盘形3种形态。

细胞膜或质膜

细胞膜是包围在细胞表面的极薄的膜，电子显微镜下呈三层结构，目前认为细胞膜是由磷脂双分子层和镶嵌在上面的蛋白质分子构成的。蛋白质分子分布在内外表面，种类繁多，有的是物质进出细胞膜的运输工具，称为载体，有的则是某种物质的专一性结合物，称为受体，等等。并且各种分子之间相互位置不是固定不变的，而是有一定的流动性。现在认为，细胞膜具有控制物质进出、信息传递、代谢调控识别与免疫等多种功能。

细胞质

细胞质是指细胞膜以内除细胞核以外的部分。其中有许多种细胞器。

内质网：是一种小管小囊等构成的，有的上面附有许多核糖体，在切片上看像结满了果实的枝条，称为粗面内质网。有的则没有核糖体，称为滑面内质网。它们和蛋白质的合成，各种物质的合成、储运有关。

高尔基体：高尔基体像一堆大小不同的皮球压扁后堆放在一起，它们能把内质网合成而来的蛋白质做进一步加工之后转运出去，此外，对摄入的脂类有储存和加工作用。

线粒体：线粒体多呈小短棍状或球状，具有双层膜，内膜向内突起形成一些隔，称为线粒体嵴。它是细胞的动力工厂，能将许多物质氧化并产生能量，储存在 ATP（三磷酸腺苷）上。

中心粒：中心粒呈小管状，是由许多根更小的小管组成的，和有丝分裂有关。

除此之外，细胞内还有溶酶体、质体等细胞器，它们也各有重要功能。

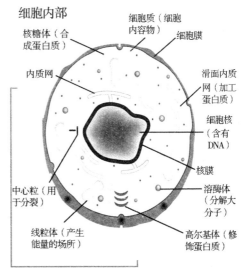

细胞内部

核糖体（合成蛋白质）
细胞质（细胞内容物）
细胞膜
内质网
滑面内质网（加工蛋白质）
细胞核（含有 DNA）
核膜
溶酶体（分解大分子）
高尔基体（修饰蛋白质）
线粒体（产生能量的场所）
中心粒（用于分裂）

细胞质结构

线粒体

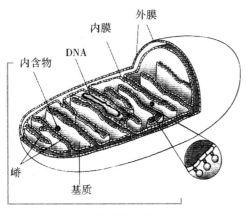

外膜
内膜
DNA
内含物
嵴
基质

线粒体结构

线粒体（mitochondria）常为杆或椭圆形，横径为 0.5 ~ 1 微米，长 2 ~ 6 微米，但在不同类型细胞中线粒体的形状、大小和数量差异甚大。电镜下，线粒体具有双层膜，外膜光滑，厚 6 ~ 7 微米，膜中有 2 ~ 3 微米小孔，分子量为 1 万以内的物质可自由通过；内膜厚 5 ~ 6 微米，通透性较小。外膜与内膜之间有约 8 微米膜间腔或称外腔。由膜向内折叠形成线粒体嵴，嵴之间为嵴间腔或称内腔，充满线粒体基质。基质中常可见散在的，直径25～50微米，电子致密的嗜锇酸基质颗粒，主要由磷脂蛋白组成，并含有钙、镁、磷等元素。基质中除基质颗粒外还含有脂类、蛋白质、环状 DNA 分子核糖体。线粒体嵴膜上有许多有柄小球体，即基粒，其直径为8～10微米，它由头、柄和基片三部分组成。球形的头与柄相连而突出于内膜表面，基片镶嵌于膜脂中。

> **基本小知识**
>
> ### 元　素
>
> 　　元素又称化学元素，指自然界中一百多种基本的金属和非金属物质，它们只由几种有共同特点的原子组成，其原子中的每一核子具有同样数量的质子，质子数决定元素是什么种类。

基粒中含有 ATP 合成酶，能利用呼吸链产生的能量合成 ATP，并把能量贮存于 ATP 中。细胞生命活动所需的能量约95%由线粒体以 ATP 的方式提供，因此，线粒体是细胞能量代谢中心，由于线粒体嵴实为扩大了内膜面积，故细胞代谢率高，耗能多。嵴多而密集，大部分细胞的线粒体嵴为板层状。杆状线粒体的嵴多与其长轴垂直排列，圆形线粒体的嵴多以周围向中央放射状排列；在少数细胞，主要是分泌类固醇激素的细胞（如肾上腺皮质细胞等），线粒体嵴多呈管状或泡状；有些细胞（如肝细胞）的线粒体兼有板层状和管状两种。

线粒体的另一个功能特点是可以合成一些蛋白质。目前推测，在线粒体中合成的蛋白质约占线粒体全部蛋白的10%，这些蛋白疏水性强，和内膜结合在一起。线粒体合成蛋白质均是按照细胞核基因组的编码辑导合成。如果没有细胞核遗传系统，线粒体 RNA 则不能表达。这表明了线粒体合成蛋白质的半自主性。

关于线粒体形成的机制，较普遍接受的看法是线粒体依靠分裂进行增殖。线粒体的发生过程可分为两个阶段：在第一阶段中，线粒体的膜进行生长和复制，然后分裂增殖。第二阶段包括线粒体本身的分化过程，建成能够行使氧化磷酸化功能的机构。线粒体生长和分化阶段分别接受两个独立遗传系统的控制，因此，它不是一个完全自我复制的实体。

知识小链接

分裂增殖

细胞增殖是生物体的重要生命特征,细胞以分裂的方式进行增殖。单细胞生物,以细胞分裂的方式产生新的个体。多细胞生物,以细胞分裂的方式产生新的细胞,用来补充体内衰老和死亡的细胞;同时,多细胞生物可以由一个受精卵,经过细胞的分裂和分化,最终发育成一个新的多细胞个体。

细胞核

细胞核是细胞的中枢部分,其形状各异。有球形的、椭圆形的、不规则形状的等。外面有一层膜,称核膜。核内则可分为核仁、核液、染色质等几部分。细胞核是遗传物质的储存处,控制着细胞内物质合成和细胞代谢。

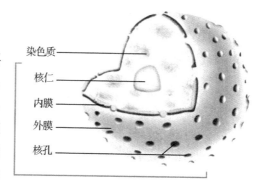

染色质
核仁
内膜
外膜
核孔

细胞核结构图

◎ 组成细胞的化合物

细胞中常见的化学元素有 20 多种,这些组成生物体的化学元素虽然在生物体体内有一定的生理作用,但是单一的某种元素不可能表现出相应的生理功能。这些元素在生物体特定的结构基础上,有机地结合成各种化合物,这些化合物与其他的物质相互作用才能体现出相应的生理功能。组成细胞的化合物大体可以分为无机化合物和有机化合物。无机化合物包括水和无机盐;有机化合物包括蛋白质、核酸、糖类和脂质。水、无机盐、蛋白质、核酸、糖类、脂质等有机地结合在一起才能体现出生物体的生命活动。现将这些化合物总结如下:

水:占 85% ~ 90%

无机化合物、无机盐:占 1% ~ 1.5%

组成细胞的化合物

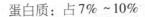

蛋白质：占7%～10%

有机化合物、脂质：占1%～2%

糖类和核酸：占1%～1.5%

在组成生物体的化合物中含量最多的是水，但是在细胞的干重中，含量最多的化合物是蛋白质，占干重的50%以上。

◎ 细胞的基本共性

1. 细胞都具有选择透性的膜结构，所有的细胞表面均有由磷脂双分子层与镶嵌蛋白质及糖被构成的生物膜，即细胞膜。

2. 所有的细胞都含有两种核酸，即DNA与RNA，作为遗传信息复制与转录的载体。

3. 细胞都具有核糖体，作为蛋白质合成的机器——核糖体，毫无例外地存在于一切细胞内，在细胞遗传信息流的传递中起重要作用。

4. 所有细胞的增殖都以一分为二的方式进行分裂。

5. 细胞都具有遗传物质，即DNA。

6. 能进行自我增殖和遗传。

7. 新陈代谢。

8. 细胞都具有运动性，包括细胞自身的运动和细胞内部的物质运动。

◆ 最小的细胞器——核糖体

核糖体是最小的细胞器，在光镜下见不到的结构。1953年由Ribinson和Broun用电镜观察植物细胞时发现胞质中存在一种颗粒物质。1955年Palade在动物细胞中也看到同样的颗粒并进一步研究了这些颗粒的化学成分和结构。1958年Roberts根据化学成分将其命名为核糖核蛋白体，简称核糖体（Ribosome），又称核蛋白体。核糖体除哺乳类红细胞外，一切活细胞（真核细胞、原核细胞）中均有，它是进行蛋白质合成的重要胞器，在快速增殖、分泌功能旺盛的细胞中尤其多。

核糖体是细胞内一种核糖核蛋白颗粒（ribonucleoprotein particle），其唯一功能是按照 mRNA 的指令将氨基酸合成蛋白质多肽链，所以核糖体是细胞内蛋白质合成的分子机器。

真核细胞的大小亚基是在核中形成的。在核仁部位 rDNA 转录出 45S 的 rRNA，它是 rRNA 的前体分子，与胞质运来的蛋白质结合，再进行加工，经酶裂解成 28S、18S 和 5.8S 的 rRNA，而 5S 的 rRNA 则在核仁外合成 28S 的 rRNA、5.8S 的 rRNA 及 5S 的 rRNA 与蛋白质结合，形成 RNP 分子团，为大亚基前体，分散在核仁颗粒区，再加工成熟后，经核孔入胞质为大亚基。18S 的 rRNA 与蛋白质结合，经核孔入胞质为小亚基。大小亚基在胞质中可解离存，在需要时也可在大于 0.001 mmg 时存在，但合成完整单核糖体才具有合成功能，当小于 0.001 mmg 时则又重新解离。

真核细胞中，核糖体进行蛋白质合成时，既可以游离在细胞质中，称为游离核糖体（freeribosome），也可以附着在内质网的表面，称为膜旁核糖体或附着核糖体。参与构成 RER，称为固着核糖体或膜旁核糖体，是以大亚基圆锥形部与膜接着游离核糖体。分布在线粒体中的核糖体，比一般核糖体小，约为 55S（35S 和 25S 大、小亚基），称为胞器或线粒体核体。凡是幼稚的、未分化的细胞，胚胎细胞，培养细胞，肿瘤细胞，它们生长迅速，在胞质中一般具有大量游离核糖体。真核细胞含有较多的核糖体，每个细胞平均有 $10^6 \sim 10^7$ 个，而原核细胞中核糖体较少，每个细胞平均只有 $15 \times 10^2 \sim 18 \times 10^3$ 个。真核细胞核糖体的沉降系数为 80S，大亚基为 60S，小亚基为 40S。在大亚基中，有大约 49 种蛋白质，另外有 3 种 rRNA，28S 的 rRNA、5S 的 rRNA 和 5.8S 的 rRNA。小亚基含有大约 33 种蛋白质，一种 18S 的 rRNA。

基本小知识

游 离

化学元素不和其他物质化合而单独存在，或元素由化合物中分离出来，叫做"游离"。

无论哪种核糖体，在执行功能时，即进行蛋白质合成时，常 3~5 个或几十个甚至更多聚集并与 mRNA 结合在一起，由 mRNA 分子与小亚基凹沟处结合，再与大亚基结合，形成一串，称为多聚核糖体（游离多聚核糖体及固着多聚核糖体)、Polyribosome 或 Polysome。mRNA 的长短，决定多聚核糖体的多少，可排列成螺纹状、念珠状等，多聚核糖体是合成蛋白质的功能团。此时，每一核糖体均以 mRNA 的密码为模板翻译成蛋白质的氨基酸顺序。在活细胞中，核糖体的大小亚基、单核糖体和多聚核糖体是处于一种不断解聚与聚合的动态平衡中，随功能而变化，执行功能量为多聚核糖体，功能完成后解聚为大、小亚基。

核糖体的主要成分为蛋白质和 rRNA，两者比例在原核细胞中为 1.5∶1，在真核细胞中为 1∶1。每个亚基中，以一条或两条高度折叠的 rRNA 为骨架，将几十种蛋白质组织起来，紧密结合，使 rRNA 大部分围在内部，小部分露在表面。由于 RNA 的磷酸基带的负电荷超过了蛋白质带的正电荷，因而核糖体显强的负电性，易与阳离子和碱性染料结合。

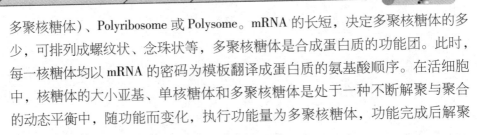

你知道吗

碱性染料

碱性染料亦称盐基性染料，在水溶液中离解时，因色素基团带阳电荷，因而属阳离子染料。它的特点是色泽鲜艳，有瑰丽的荧光（主要是玫瑰红、黄、橙等色），而且着色力很强，用很少量的染料即可得到深而浓艳的色泽。色牢度及耐光性差，但用于腈纶（聚丙烯腈纤维）有较好的牢度。

单个核糖体上存在 4 个活性部位，在蛋白质合成中各有专一的识别作用。

1. A 部位，即氨基酸部位或受位：主要在大亚基上，是接受氨酰基－tRNA 的部位。

2. P 部位，即肽基部位或供位：主要在小亚基上，是释放 tRNA 的部位。

3. 肽基转移酶部位（肽合成酶），简称 T 因子：位于大亚基上，催化氨基酸间形成肽键，使肽链延长。

4. GTP 酶部位，即转位酶：简称 G 因子，对 GTP 具有活性，催化肽键从供体部位→受体部位。另外，核糖体上还有许多与起始因子、延长因子、释放因子以及各种酶相结合的位点。核糖体的大小是以沉降系数 S 来表示，S 数值越大、颗粒越大、分子量越大。原核细胞与真核细胞核糖体的大小亚基是不同的。

📎 快速的能源——糖

糖在自然界分布极广，是自然界中含量最丰富的一类有机化合物。化学家最初在分析各种糖的成分时，发现糖是由碳、氢、氧3种元素组成的，而且其中氢和氧的比例是 $2:1$，恰好与水分子中氢和氧的比例一样，于是，化学家们便把糖叫做碳水化合物。后来，他们又发现鼠李糖的分子式是 $C_6H_{12}O_5$，脱氧核糖的分子式是 $C_5H_{10}O_4$，在

糖

这两种糖的分子中，氢和氧的比例都不是 $2:1$，当然不能把这两种糖也称为碳水化合物。严格地讲，把糖称为碳水化合物并不恰当。

广角镜

我国的糖料作物

用于制糖的作物称为糖料作物。制糖的原料主要有两种：一是甘蔗高高的绿色的茎；一是甜菜长在地下的膨大的根。人们榨取它们的汁液，把汁液收集起来转化为糖的结晶。在我国，北方一般以甜菜为原料制糖，南方则常以甘蔗为原料制糖。

在自然界，糖广泛分布于动物、植物（尤其以甘蔗、甜菜等含量最丰富）和微生物内，其中尤以植物中所含的糖多。植物靠水和空气中的二氧化碳合成糖，因为这个合成反应是由具有光能的光子所激发的，因此这个合成过程称为光合作用。由水和二氧化碳合成糖的过程是一个吸收能量的过程，因此糖是一种具有高能量的化合物，它们是植物、动物和微生物新陈代谢过程的重要能量来源。

生物体的细胞内和血液里都含有葡萄糖，它是细胞发挥其功能所必需的，葡萄糖的新陈代谢的正常调节对于生命活动是非常重要的。葡萄糖容易被人

体吸收，容易与氧气发生反应，生成二氧化碳和水，并放出能量，是细胞的快速能量来源。

葡萄糖属于单糖，但自然界大量存在的都是低聚糖（如蔗糖）和多糖（如淀粉）。多糖中也存在着大量能量，但它们很难为人体消化和吸收，多糖必须被分解成葡萄糖以后，其中贮存的能量才能被细胞利用。

◎ 单 糖

单糖是最简单的糖，都是结晶体，能溶于水，具有甜味，主要有葡萄糖、果糖、阿拉伯糖。

葡萄糖的分子式是 $C_6H_{12}O_6$。在自然界中通过光合作用合成，由于葡萄糖最初是从葡萄汁中分离出来的结晶，因此就得到了"葡萄糖"这个名称。葡萄糖存在于血浆、淋巴液中。在正常人的血液中，葡萄糖的含量可达 $0.08\% \sim 0.1\%$。

葡萄糖以游离的形式存在于植物的浆汁中，尤其以水果和蜂蜜中的含量为多。可是，葡萄糖的大规模生产方法却不是从含葡萄糖多的水果中提取，而是用玉米和马铃薯中所含的淀粉制取，在淀粉糖化酶的作用下，玉米和马铃薯中的淀粉发生水解反应，可得到含量为90%的葡萄糖水溶液，溶液在低于50℃时结晶，可生成 α - 葡萄糖的水合物；在高于50℃时结晶，可生成无水的 α - 葡萄糖；当再超过115℃时结晶，生成的是无水的β - 葡萄糖。

葡萄糖是生命不可缺少的物质，它在人体内能直接进入新陈代谢过程。在消化道中，葡萄糖比任何其他单糖都容易被吸收，而且被吸收后能直接为人体组织利用。人体摄取的蔗糖和淀粉也都必须先转化为葡萄糖，再被人体组织吸收和利用。葡萄糖在人体内被氧气氧化，生成二氧化碳和水，每克葡萄糖被氧化时，释放出17.1千焦热量，人和动物所需要的能量有50%来自葡萄糖。

葡萄糖的甜味约为蔗糖的3/4，主要用于食品工业，如用于生产面包、糖果、糕点、饮料等。在医疗上，葡萄糖被大量用于病人输液，这是因为葡萄糖非常容易被直接吸收作为病人的重要营养。葡萄糖被氧化时还能生成葡萄糖酸，葡萄糖酸钙是最能有效地提供钙离子的药物。

另一种重要的单糖是果糖，它的分子式是 $C_6H_{12}O_6$，与葡萄糖分子式相同，只是结构式不同，以游离状态大量存在于水果的浆汁和蜂蜜中。

果糖并不从水果中制取，而是用稀盐酸或转化酶使蔗糖发生水解反应，产物是果糖和葡萄糖的混合溶液。由于果糖是不容易从水溶液中结晶出来的物质，所以从混合溶液中离析出果糖，要采用使果糖与氢氧化钙形成不溶性的复合物的方法，最后将复合物从水溶液中分离出来，并将钙沉淀为碳酸钙，果糖就成为结晶体。

果糖是所有的糖中最甜的一种，它比蔗糖甜1倍，广泛用于食品工业，如制糖果、糕点、饮料等。

◎ 低聚糖

低聚糖指双糖、三糖等。双糖中的蔗糖、麦芽糖和乳糖最有用。蔗糖是最普通的食用糖，也是世界上生产数量最多的有机化合物之一。

甘蔗中含蔗糖15%～20%，甜菜中含蔗糖10%～17%，其他植物的果实、种子、叶、花、根中也有不同含量的蔗糖。

蔗糖的分式为$C_{12}H_{22}O_{11}$。它很甜，容易溶解在水中，而且很容易从水溶液中结晶。

趣味点击　日本"黑糖"也是红糖

常常有人好奇，日本"黑糖"与我们传统所说的红糖究竟是不是同样的东西？答案是肯定的，传统的红糖与现在各种黑糖都是以相同方法制作出来的糖，在营养与食用功效上也相同，所以可说是同样的东西。两者之间颜色的深浅是因受到熬煮糖浆的时间长短所影响，黑糖的熬煮时间较长，糖浆经浓缩后做出来的糖砖呈现出近黑色的外观。

如果将红糖溶解在水里，加入适量的骨炭或活性炭，就可以将溶液的颜色脱掉，然后将溶液过滤，经过减压蒸发和冷却，溶液中就会产生白色细小的晶体，这就是白糖。白糖中含一定量水分，把白糖加热到适当温度，可以将水分除掉，再把它冷却，如果冷却速度很快，得到比较细的晶体，这就是砂糖；如果冷却速度慢，就会得到无色透明的大晶体，这就是冰糖。

蔗糖主要用于食品工业，

高浓度的蔗糖能抑制细菌的生长，在医药上用作防腐剂和抗氧剂。

麦芽糖也是一种双糖，在自然界中麦芽糖主要存在于发芽的谷粒，特别是麦芽中，故得此名称。麦芽糖发生水解反应以后，生成两分子葡萄糖，可用作甜味剂，甜度是蔗糖的1/3。麦芽糖还是一种廉价的营养食品，过去在农村有很大市场。

乳糖是哺乳动物乳汁中主要的糖，人乳含乳糖 5%～7%，牛乳含乳糖 4%，它们是乳婴食物中的糖分。在工业上，乳糖是由牛乳制干酪时所得的副产品。在水中的溶解度小，也不很甜。在乳酸杆菌的作用下，乳糖可以被氧化成乳酸，牛奶变酸就是因为其中的乳糖被氧化，变成了乳酸所引起。乳酸饮料具有较高的营养价值。

◎多 糖

多糖结构

多个单糖分子发生缩合反应，失去水便形成多糖。已知多糖的分子量可以超过 1 000 000 原子质量单位。

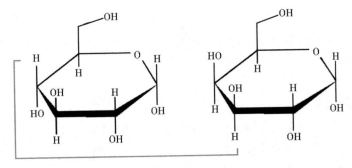

多糖结构

淀粉是植物界中存在的极为丰富的多糖，分子式是 $(C_6H_{10}O_5)_n$，n 为不定数。大量存在于植物的种子、块茎等部位。淀粉以球状颗粒贮藏在植物中，颗粒的直径为 3～100 微米，是植物贮存营养的一种形式。

天然的淀粉由直链淀粉和支链淀粉组成，大多数淀粉含直链淀粉10%～12%，含支链淀粉 80%～90%。玉米淀粉含 27% 直链淀粉，马铃薯淀粉含

20%直链淀粉（两者的其余部分均为支链淀粉），糯米淀粉几乎全部是支链淀粉，有些豆类的淀粉则全部是直链淀粉。

广角镜

自然界中的碘

碘在自然界中的丰度是不大的，但是一切东西都含有碘，不论坚硬的土块还是岩石，甚至最纯净的透明的水晶，都含有相当多的碘原子。海水里含大量的碘，土壤和流水里含的也不少，动植物和人体里含的更多。

直链淀粉又称可溶性淀粉。溶解于热水后成胶体溶液，容易被人体消化。直链淀粉是一种没有分支的长链线形分子，与碘发生作用后，生成深蓝色物质，这一反应可用来检验淀粉或碘。

支链淀粉具有支链结构，它不溶于热水，分子量很大，约100 000～600 000，它也能与碘作用，生成蓝紫色物质。淀粉可供食用，在人体内淀粉首先与淀粉酶作用，发生水解反应，生成糊精，它进一步水解生成麦芽糖，最后可以水解成葡萄糖，便于人体吸收。因此，我们即使不吃蔗糖、葡萄糖、果糖、麦芽糖，仍然可以从淀粉（粮食及含淀粉多的蔬菜）摄取糖分，而且是人体内糖分的主要来源。

纤维素也是一种多糖。绿色植物通过光合作用合成纤维素，它在植物体中构成细胞壁网络，支撑着植物躯干。纤维素的分子式是$(C_6H_{10}O_5)_n$，n的值比淀粉的小，对人体没有营养价值，我们每天要吃进很多纤维素（存在于粮食、蔬菜、水果等中），基本上被排泄掉，但它对帮助肠的蠕动有一定作用，有利于防止肠癌。

▶ 人体内的燃料——脂肪

油脂是指油料经过加工后得到的产品，油脂是脂肪族羧酸与甘油所形成的脂。食物中的油脂主要是油和脂肪，在室温下呈液态者称为油，呈固态者称为脂肪。从植物种子中得到的大多数为油，而来自动物的大多为脂肪。在大部分含油脂丰富的食物中，有一半左右的热量是由脂肪和油类提供的。

天然的脂肪和油类通常是由一种以上的脂肪酸与甘油形成的各种酯的混

脂　肪

合物。这些脂肪酸的功能有三种：

1. 当脂肪酸在人体内被氧化生成二氧化碳和水，并放出一定的热量时，脂肪酸是一种能源。

2. 脂肪酸贮存在脂肪细胞中，以备人体不时之需。

3. 作为合成人体所需要的其他化合物的原料，当脂肪燃烧时，它所能够提供的热量大约为 37 620 千焦/克。因此，在我们的饮食中，脂肪是最集中的食物能源。

脂肪酸可分为饱和脂肪酸和不饱和脂肪酸，前者如硬脂酸、软脂酸；后者如油酸、亚油酸、亚麻酸、棕榈油酸。某些油脂中含有一些特殊的脂肪酸，如菜油中的油菜酸、椰子油中的橘酸等。

在这些脂肪酸中，某些种类的脂肪酸是人体所必需的，称为必需脂肪酸，它们是亚油酸、亚麻酸和花生四烯酸。在食物中，如果含有这 3 种必需脂肪酸中的任何一种，人体就能合成一组非常重要的化合物——前列腺素，它是一组 10 多个相关的化合物，对于血压、平滑肌的松弛和收缩、胃酸的分泌、体温、进食量、血小板凝聚等生理活动有着非常强烈的影响。

在这 3 种必需脂肪酸中，亚油酸是关键化合物，如果有了亚油酸，人体就能够合成亚麻酸和花生四烯酸，等于有了 3 种必需脂肪酸。

亚油酸以甘油酯的形式存在于动植物脂肪中。在植物油中，亚油酸的含量比较高，如花生油含 26%，豆油含 57.5%，菜油含 15.8%，动物脂肪中，亚油酸含量比较少，如牛油含 8%，猪油含 6%。

亚油酸在室温时是液体，熔点 $-5℃$，沸点 $229℃ \sim 230℃$，在空气中易被氧化，不溶于水，溶于乙醚、氯仿等有机溶剂。

亚油酸是人和动物营养中必需的脂肪酸，缺乏亚油酸，会使动物发育不良、皮肤和肾损伤，以及产生不育症。亚油酸在医药上用于治疗血脂过高和动脉硬化。

血　脂

血脂是血浆中的中性脂肪（甘油三酯和胆固醇）和类脂（磷脂、糖脂、固醇、类固醇）的总称，广泛存在于人体中。它们是生命细胞的基础代谢必需物质。一般说来，血脂中的主要成分是甘油三酯和胆固醇，其中甘油三酯参与人体内能量代谢，而胆固醇则主要用于合成细胞浆膜、类固醇激素和胆汁酸。

油酸以甘油酯的形式存在于一切动植物油脂中，在动物脂肪中含40%～50%，茶油中含83%，花生油中含54%，椰子油中含5%～6%。

纯油酸为无色油状液体，熔点16.3℃，沸点228℃～229℃，不溶于水，易溶于乙醇、乙醚、氯仿等有机溶剂。

由于油酸中含有双键，在空气中长期放置能被氧化，局部转变为含羧基的物质，而使油脂具有腐败的哈喇味，这也是油脂变质的原因之一。

几乎所有的油脂中都含有不等的软脂酸，棕榈油中含量约40%，菜油中含量为2%。几乎所有的油脂中都有含量不等的硬脂酸，在动物脂肪中含量比较高，牛油中可达24%，植物油中硬脂酸含量较少，菜油为0.896%，棕榈油为6%，但可可脂中的含量可高达34%。

◆ 生命的动力——蛋白质

蛋白质这个名词对许多人都不陌生。"高蛋白"几乎成了高营养的代名词。可是蛋白质在生物学上的重要性倒不在于营养方面，而是因为它是生命功能的执行者。

如果把生命现象看成是最高级的运动形式，这种运动形式的实现每一步都离不开蛋白质。

酶是最重要的蛋白质，生物体内所进行的各种化学反应大都需要酶来催化。

小分子物质在体内的运输也是靠蛋白质来完成的。不但如此，动物机体的运动，如肌肉的收缩是靠几种蛋白质的相对滑动来实现的。生物体的防御系统依靠抗体、干扰素等来发挥作用，它们都是蛋白质。

近年来还发现人类的记忆、思维等高级神经活动的实质也是蛋白质运动。遗传信息通过控制蛋白质合成而表现出相应性状，但这一过程同样还受蛋白质的调节。所以说，蛋白质是生命功能的最主要的执行者。

20世纪60年代初兴起的分子生物学前期主要是开展对核酸的研究。如今，分子生物学的研究重点已经逐渐转移到蛋白质上来。因为核酸只是生物体这座大厦的图纸，而真正构筑起大厦并行使着各种功能的主要还是蛋白质。

蛋白质是一类含氮的生物高分子，它的基本组成单位是氨基酸。氨基酸上都有氨基和羧基两个基团，不同的氨基酸就靠这两个基团脱水缩合而连接起来。构成蛋白质的氨基酸共有20种，其中有8种是

拓展阅读

氮的用途

氮是组成动植物体内蛋白质的重要成分，但高等动物及大多数植物不能直接吸收氮。氮主要用来制造氨，其次是制备氮化物、氰化物、硝酸及其盐类等。此外，还可用作保护性气体、泡沫塑料中的发泡剂，液氮可用作冷凝剂。

人体内无法合成的，需从食物中摄取，称为必需氨基酸。不同氨基酸的氨基和羧基脱水缩合而成一条氨基酸残基链，称为肽链，一条或几条肽链以某种方式组合成有生物活性的分子就是蛋白质。

人们把蛋白质的结构按其组成层次分为一级结构、二级结构、三级结构和四级结构。一级结构就是指肽链的氨基酸残基的顺序。肽链上的氨基酸并不是笔直地排在一起，而是具有各种折叠、盘绕方

蛋白质四聚体

式。有的像弹簧一样螺旋上升，也有的呈折叠状，称为二级结构。在这个基础上肽链再进行卷曲和折叠，形成特定构象，称为三级结构。有的蛋白质分子是由几个具有三级结构的分子再聚合而成的，这种结构就称为四级结构。

蛋白质与饮食健康

在动物蛋白中，牛奶、蛋类的蛋白质是所有蛋白质食物中品质最好的，其原因是最容易消化，氨基酸齐全，也不易引起痛风发作。在植物蛋白中最好的是大豆蛋白，大豆中含35%的蛋白质，而且非常容易被吸收，因此大豆蛋白一直是素食主义者的最主要的蛋白质来源。

蛋白质可以分为两大类：一类是简单蛋白质，它们的分子只由氨基酸组成，另一类是结合蛋白质，它们的蛋白质部分和非蛋白质部分的组成结构比较复杂。

简单蛋白质包括清蛋白、球蛋白、精蛋白等几类。临床常用的白蛋白、丙种球蛋白等都是简单蛋白质。

结合蛋白质有核蛋白、糖蛋白、脂蛋白、色蛋白等。许多种酶、膜蛋白等多种蛋白质均是结合蛋白质。细胞中的核糖体也是一种核蛋白。

记录遗传物质的"天书"——核酸

核酸是由许多核苷酸聚合而成的生物大分子化合物，为生命的最基本物质之一。核酸最早由米歇尔于1868年在脓细胞中发现和分离出来。核酸广泛存在于所有动物细胞、植物细胞、微生物内、生物体内。核酸常与蛋白质结合形成核蛋白。不同的核酸，其化学组成、核苷酸排列顺序等不同。根据化学组成不同，核酸可分为核糖核酸（简称RNA）和脱氧核糖核酸（简称DNA）。DNA是储存、复制和传递遗传信息的主要物质基础。RNA在蛋白质合成过程中起着重要作用，其中转移核糖核酸，简称tRNA，起着携带和转移活化氨基酸的作用；信使核糖核酸，简称mRNA，是合成蛋白质的模板；核糖体的核糖核酸，简称rRNA，是细胞合成蛋白质的主要场所。核酸不仅是基本的遗传物质，而且在蛋白质的生物合成上也占重要地位，因而在生长、遗传、变异等一系列重大生命现象中起决定性的作用。

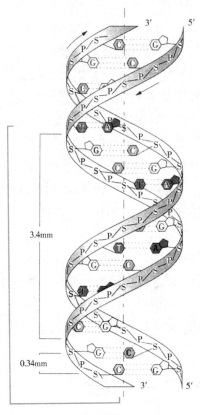

核酸结构

核酸在实践应用方面有极重要的作用，现已发现近2000种遗传性疾病都和DNA结构有关。如人类镰刀形红血细胞贫血症是由于患者的血红蛋白分子中一个氨基酸的遗传密码发生了改变。白化病毒则是DNA分子上缺乏产生促黑色素生成的酪氨酸酶的基因所致。肿瘤的发生、病毒的感染、射线对机体的作用等都与核酸有关。20世纪70年代以来兴起的遗传工程，使人们可用人工方法改组DNA，从而有可能创造出新型的生物品种。如应用遗传工程方法已能使大肠杆菌产生胰岛素、干扰素等珍贵的生化药物。

DNA和RNA都由一个一个核苷酸（nucleotide）头尾相连而形成。RNA平均长度大约为2000个核苷酸，而人的DNA却是很长的，约有 3×10^9 个核苷酸。

单个核苷酸是由含氮有机碱（称碱基）、戊糖（即五碳糖）和磷酸三部分构成的。

碱基（base）：构成核苷酸的碱基分为嘌呤（purine）和嘧啶（pyrimidine）两类。前者主要指腺嘌呤（adenine，A）和鸟嘌呤（guanine，G），DNA和RNA中均含有这两种碱基。后者主要指胞嘧啶（cytosine，C）胸腺嘧啶（thymine，T）和尿嘧啶（uracil，U），胞嘧啶存在于DNA和RNA中，胸腺嘧啶只存在于DNA中，尿嘧啶则只存在于RNA中。

嘌呤环上的N-9或嘧啶环上的N-1是构成核苷酸时与核糖（或脱氧核糖）形成糖苷键的位置。

此外，核酸分子中还发现数10种修饰碱基（the modified component），又称稀有碱基（unusual component）。它是指上述5种碱基环上的某一位置被一些化学基团（如甲基化、甲硫基化等）修饰后的衍生物。一般这些碱基在核酸中的含量稀少，在各种类型核酸中的分布也不均一。如 DNA 中的修饰碱基主要见于噬菌体 DNA，RNA 中以 tRNA 含修饰碱基最多。

基本小知识

基 团

基团是化学中对原子团和基的总称。作为某些化合物的分子组成部分的稳定原子团。如：氢基、氨基、偶氮基、自由基。基团通常是指原子团，它包含有机物结构中所有的"官能团"。

戊糖（五碳糖）：RNA 中的戊糖是 D－核糖（即在 2 号位上连接的是一个羟基），DNA 中的戊糖是 D－2－脱氧核糖（即在 2 号位上只连一个 H）。D－核糖的 C－2 所连的羟基脱去氧就是 D－2－脱氧核糖。

戊糖 C－1 所连的羟基是与碱基形成糖苷键的基团，糖苷键的连接都是 β－构型。

核苷：由 D－核糖或 D－2 脱氧核糖与嘌呤或嘧啶通过糖苷键连接组成的化合物。核酸中的主要核苷有 8 种。

核苷酸（nucleotide）：核苷酸与磷酸残基构成的化合物，即核苷的磷酸酯。核苷酸是核酸分子的结构单元。核酸分子中的磷酸酯键是在戊糖 C－3′ 和 C－5′ 所连的羟基上形成的，故构成核酸的核苷酸可视为 3′－核苷酸或 5′－核苷酸。DNA 分子是含有 A、G、C、T 这 4 种碱基的脱氧核苷酸；RNA 分子中则是含 A、G、C、U 这 4 种碱基的核苷酸。

当然核酸分子中的核苷酸都以某种形式存在，但在细胞内有多种游离的核苷酸，其中包括一磷酸核苷、二磷酸核苷和三磷酸核苷。

❶ 人体必需的物质——碳水化合物

碳水化合物亦称糖类化合物，是自然界存在最多、分布最广的一类重要的有机化合物。葡萄糖、蔗糖、淀粉和纤维素等都属于糖类化合物。

糖类化合物是一切生物体维持生命活动所需能量的主要来源。它不仅是营养物质，而且有些还具有特殊的生理活性。例如：肝脏中的肝素有抗凝血

碳水化合物

作用；血型中的糖与免疫活性有关。此外，核酸的组成成分中也含有糖类化合物——核糖和脱氧核糖。因此，糖类化合物对医学来说，具有更重要的意义。

糖类是自然界存在最多，具有广谱化学结构和生物功能的有机化合物。主要由碳、氢、氧所组成。大多数的糖可用通式 $C_x(H_2O)_y$ 来表示。有单糖、寡糖、淀粉、半纤维素、纤维素、复合多糖以及糖的衍生物。主要由绿色植物经光合作用而形成，是光合作用的初期产物。从化学结构特征来说，它是含有多羟基的醛类或酮类的化合物或经水解转化成为多羟基醛类或酮类的化合物。例如葡萄糖含有 1 个醛基、6 个碳原子，叫己醛糖。果糖则含有 1 个酮基、6 个碳原子，叫己酮糖。它与蛋白质、脂肪同为生物界三大基础物质，为生物的生长、运动、繁殖提供主要能源，是人类生存发展必不可少的重要物质之一。

糖类化合物由 C（碳）、H（氢）、O（氧）3 种元素组成，分子中 H 和 O 的比例通常为 2∶1，与水分子中的比例一样，故称为碳水化合物。可用通式 $C_m(H_2O)_n$ 表示。因此，人们曾把这类化合物称为碳水化合物。但是后来发现有些化合物按其构造和性质应属于糖类化合物，可是它们的组成并不符合 $C_m(H_2O)_n$ 通式，如鼠李糖（$C_6H_{12}O_5$）、脱氧核糖（$C_5H_{10}O_4$）等；而有些化合物如乙酸（$C_2H_4O_2$）、乳酸（$C_3H_6O_3$）等，其组成虽符合通式 $C_m(H_2O)_n$，但结构与性质却与糖类化合物完全不同。所以碳水化合物这个名称并不确切，但因使用已久，迄今仍在沿用。

另外，像碳酸（H_2CO_3）、碳酸盐（$XXCO_3$）、碳单质（C）、碳的氧化物（CO_2，CO）、水（H_2O）都不属于有机物，也就是不属于碳水化合物。

碳水化合物是为人体提供热能的 3 种主要的营养素中最廉价的营养素。食物中的碳水化合物分成两类：人可以吸收利用的有效碳水化合物，如：单糖、双糖、多糖和人不能消化的无效碳水化合物，如：纤维素。

一般说来，人们对碳水化合物没有特定的饮食要求。主要是应该从碳水化合物中获得合理比例的热量摄入。另外，每天应至少摄入 50～100 克可消化的碳水化合物以预防碳水化合物缺乏症。

碳水化合物的主要食物来源有蔗糖、谷物（如水稻、小麦、玉米、大麦、燕麦、高粱等）、水果（如甘蔗、甜瓜、西瓜、香蕉、葡萄等）、坚果、蔬菜（如胡萝卜、番薯等）等。

膳食中碳水化合物的主要来源是植物性食物，如谷类、薯类、根茎类蔬菜和豆类，另外是食用糖类。碳水化合物只有经过消化分解成葡萄糖、果糖和半乳糖才能被吸收，而果糖和半乳糖又经肝脏转换变成葡萄糖。血中的葡萄糖建成为血糖，少部分血糖直接被组织细胞利用与氧气反应生成二氧化碳和水，放出热量供身体需要，大部分血糖则存在人体细胞中，如果细胞中储存的葡萄糖已饱和，多余的葡萄糖就会以高能的脂肪形式储存起来，多吃碳水化合物发胖就是这个道理！

◑ 能量的"传递员"——ATP

木柴燃烧，就会生火发热，木柴里的能量通过"火"和"热"散发出来。人吃了饭，饭在人体里也要"燃烧"放出能量，这是一个复杂的过程，称为生物氧化。木柴一旦烧完，火就灭了，也就不再放热。可是，人吃完一顿饭，能维持几天的生命。这是因为"饭"里的有用东西，变成蛋白质、糖、脂肪等物质被人体储存起来，然后慢慢地进行生物氧化，陆续释放出能量，维持人体的正常活动。生物氧化时放出的能量，不是一下子就被利用了，而是分次分批按需供应，这个过程是由 ATP 和 ADP 等物质来协调的。

ATP 是分子中由 1 个生物碱基——腺嘌呤、1 个核糖和 3 个磷酸组成的物质，叫腺三磷或三磷酸腺苷。其中 A 代表腺嘌呤，T 代表 3 个，P 代表磷酸。ATP 中的 3 个磷酸并排连接在一起，彼此之间有一种结合力，这种力叫磷酸键。ATP 中的磷酸键里存有很多能量，称它为高能磷酸键。含有高能磷酸键的化合物，称为高能磷酸化合物。如果 ATP 脱掉一个磷酸，高能键中的能就放出来，ATP 本身就变成二磷酸腺苷——ADP。ADP 也可以结合一个磷酸，收回同样多的能量，变回 ATP。由于 ATP 的这个性质，它能在人体中担当能量的"传递员"。当生物氧化过程中产生了能量后，先由 ADP 接受，即 ADP 与磷酸结合形成 ATP，能量就被储存在磷酸键里。这样，人体的哪个部位需要能量，ATP 就活动到哪里，通过脱去 1 个磷酸分子而放出能量，再变回 ADP。ATP 运输能量的效率非常高，只需有限的几个，就能把蛋白质、糖、脂肪与能量储藏库的东西"搬"到需要的地方去。

◎ ATP 在体内的供能

能量的来源是食物。食物被消化后，营养成分进入细胞转化为各类有机物。动物细胞再通过呼吸作用将贮藏在有机物中的能量释放出来，除了一部分转化为热能外，其余的贮存在 ATP 中。

人和动物的各项生命活动所需要的能量来自 ATP。

食物→（消化吸收）→细胞→（呼吸作用）→ATP→（释放能量）→肌肉→动物运动

运动中机体供能的方式可分两类：

一类是无氧供能，即在无氧或氧供应相对不足的情况下，主要靠 ATP、CP 分解供能和糖元无氧酵解供能（即糖元无氧的情况下分解成为乳酸同时供给机体能量）。

这类运动只能持续很短的时间（约 1～3 分钟）。800 米以下的全力跑、短距离冲刺都属于无氧供能的运动。

另一类为有氧供能，即运动时能量主要来自糖元（脂肪、蛋白质）的有氧氧化。

由于运动中供氧充分，糖元可以完全分解，释放大量能量，因而能持续较长的时间。这类运动如 5000 米以上的跑步、1500 米以上的游泳、慢跑、散步、迪斯科、交谊舞、自行车、太极拳等都属于这类运动。

由此，我们可以得到一个简单的启示：大强度的运动不可能持续很长时间，总的能量消耗较少，因而不是理想的减肥运动方式；而强度较低的运动由于供氧充分，持续时间长，总的能量消耗多，更有利于减肥。减肥的最终目的是消耗体内过多的脂肪，而不是减少水分或其他成分。

在进行有氧锻炼时还应注意以下几点：

第一，锻炼应选择中等强度的运动，即在运动中将心率维持在最高心率的60%～70%（最高心率＝220－年龄），强度过大时能量消耗以糖为主，肌肉氧化脂肪的能力较低，而负荷过小，机体热能消耗不足，也达不到减肥的目的。

第二，以中等强度进行锻炼时，锻炼的时间要足够长，一般每次锻炼不应少于30分钟。在中等强度运动时，开始阶段机体并不立即动用脂肪供能。因为脂肪从脂库中释放出来并运送到肌肉需要一定时间，至少要20分钟。运动的方式可根据自己的条件、爱好、兴趣而定，如走路、慢跑、迪斯科、交谊舞、游泳等都是适宜的方式。

第三，脂肪的储备和动用是一种动态平衡，因此要经常参加运动，切不可一劳永逸。

减肥运动应每日进行，不要间断。

你知道吗

人的心率都一样吗

心率是用来描述心动周期的专业术语，是指心脏每分钟跳动的次数，以第一声音为准。正常成年人安静时的心率有显著的个体差异，平均在75次/分左右。心率可因年龄、性别及其他生理情况而不同。初生儿的心率很快，可达130次/分以上。在成年人中，女性的心率一般比男性稍快。同一个人，在安静或睡眠时心率减慢，运动时或情绪激动时心率加快。

生命的钥匙——酶

◎酶

人们在日常生活中发现酵母能使果汁和谷类加速转化成酒，这种转化过程叫做发酵。1680年列文虎克首先发现酵母细胞，一个半世纪以后，法国物理学家卡格尼亚尔·德拉图尔使用一台优质的复式显微镜，专心研究酵母，他仔细观察了酵母的繁殖过程，确定酵母是活的。这样，在19世纪50年代，酵母成为热门的研究课题。

人们还发现在肠道里也进行着类似于发酵的过程：1752 年，法国物理学家列奥米尔用鹰做实验对象，让鹰吞下几个装有肉的小金属管，管壁上的小孔能使胃内的化学物质作用到肉上。当鹰吐出这些管子时，管内的肉已部分分解了，管中有了一种淡黄色的液体。

酶

1777 年，苏格兰医生史蒂文斯从胃里分离出一种液体（胃液），并证明了食物的分解过程可以在体外进行。这样，人们知道了胃液里含有某种能加速肉分解的东西。1834 年，德国博物学家施万把氯化汞加到胃液里，沉淀出一种白色粉末。除去粉末中的汞化合物，把剩下的粉末溶解，得到了一种浓度非常高的消

胃液的成分

胃液是由胃壁黏膜各种细胞分泌物组织成的液体。人的纯净胃液是一种无色透明酸性液体，其成分有无机物如盐酸、钾、钠、碳酸氢盐等，有机物有胃蛋白酶原、凝乳酶、内因子、分泌素、粘蛋白等。

化液，他把这种粉末叫做"胃蛋白酶"（希腊语中的"消化"之意）。至此，科学家又从胃里找到了一种消化食物的催化剂，它是没有生命的"酶"。

同时，两位法国化学家帕扬和佩索菲发现，麦芽提取物中有一种物质，能使淀粉变成糖，变化的速度超过了酸的作用，他们称这种物质为"淀粉酶制剂"（希腊语中的"分离"之意）。

科学家们把酵母细胞一类的活体酵素和像胃蛋白酶一类的非活体（无细胞结构的）酵素做了明确的区分。1878 年，德国生理学家库恩提出把后者叫做酶（希腊语中的"在酵母中"之意）。库恩当时根本没有意识到，"酶"这个词以后会变得那么重要、那么普遍。1897 年，德国化学家毕希纳用砂粒研

磨酵母细胞，把所有的细胞全部研碎，并成功地提取出一种液体。他发现，这种液体依然能够像酵母细胞一样完成发酵任务。这个实验，证明了活体酵素与非活体酵素的功能是一样的。

因此，"酶"这个词现在适用于所有的酵素，它是使生化反应的催化剂。由于这项发现，毕希纳获得了 1907 年的诺贝尔化学奖。

酶到底是一种什么物质？这个问题使人们困惑了好长时间。美国康奈尔大学的生物化学家萨姆纳与洛克菲勒研究院的化学家通过实验揭开酶的面纱，并因此分享了 1946 年的诺贝尔化学奖。

酶是生物体内产生的有催化能力的蛋白质，是生命的催化剂。催化剂能加速化学反应，而它本身的量和化学性质在化学反应后不发生改变。

一切酶分子都是由许许多多氨基酸分子组成的高分子蛋白质，分子量在 1 万 ~ 100 万之间。天然酶分子有单纯酶与结合酶两类，前者的分子组成只含蛋白质，后者的分子组成中除蛋白质外还含有非蛋白质成分，有的还含有金属离子。酶分子内非蛋白质成分称为辅因，辅因与酶蛋白的结合物称全酶。对于结合酶，只有全酶才能行使催化功能。

酶具有高效的催化本领。酶能使化学反应的速度提高 $10^6 \sim 10^{12}$ 倍，一个酶分子在 1 分钟内能使几百个到几百万个底物分子转化。一个人吃了两个汉堡包，吃后感到肚子饱了。然而过不了几小时又觉得饿了。两个汉堡包里面的淀粉、脂肪和蛋白质到哪里去了呢？它们被消化掉了。它们在酶的催化下变成简单的有机分子，由肠壁吸收了。参加这一化学反应的酶主要是淀粉酶、脂肪酶和蛋白酶。没有这些酶参加活动，汉堡包可能还是汉堡包，不会发生什么变化。这就是酶的神奇功能。

酶具有高度的专一性。一种酶只能催化一种化学反应。到目前为止，在自然界中发现的酶大约有 3000 种，它们催化的化学反应也有 3000 种左右。一种酶只控制和调节一种化学反应。一个人患上了消化不良的病，很可能是缺少胃蛋白酶引起的，吃上一点药用胃蛋白酶就可以治疗。

生物体内分布着不同功能性质的酶，因此具有不同生活习性，如驴、马、牛、羊以草为粮，而豺、狼、虎、豹却以肉为食。同一生物个体内的不同组织器官也存在功能殊异的酶。消化道内有各种消化酶以助消化、吸收营养物质；肝脏内的酶能合成蛋白质、糖原和脂肪，还能把毒物清除出去；各种腺体内的酶能合成调节新陈代谢的各种激素，甚至男女性征、生儿育女也有赖于酶的参加。

酶对外界条件很敏感，因此很不稳定。高温、强酸、强碱和某些重金属离子会导制酶失去活性，不起作用。酶一般难以保存，给广泛应用带来不小的困难。

知识小链接

重金属

重金属原义是指比重大于5的金属，包括金、银、铜、铁、铅等。重金属在人体中累积达到一定程度，会造成慢性中毒。无论是空气、泥土，甚至食用水都含有重金属。

根据酶的功能，通常将酶分为：①氧化还原酶类。分氧化酶和脱氢酶两种，在体内参与产能、解毒和某些生理活性物质的合成。②转移酶类。参与核酸、蛋白质、糖及脂肪的代谢与合成。③水解酶类。这类酶催化水解反应，使有机大分子水解成简单的小分子化合物。例如，脂肪酶催化脂肪水解成甘油和脂肪酸，是人类应用最广的酶类。④裂合酶类。这类酶能使复杂的化合物分解成好几种化合物。⑤异构酶类。它专门催化同分异构化合物之间的转化，使分子内部的基团重新排列。例如，葡萄糖和果糖就是同分异构体，在葡萄糖异构酶催化下，葡萄糖和果糖之间就能互相转化。⑥合成酶类。这类酶使两种或两种以上的生命物质化合而成新的物质。

许多酶构成一个有规律的酶系统，它们控制和调节复杂的生命的代谢活动。早期的酶工程技术主要是从动物、植物、微生物材料中提取、分离、纯化制造各种酶制剂，并将其应用于化工、食品和医药等工业领域。20世纪70年代后，酶的固定化技术取得了突破，使固定化酶、固定化细胞、生物反应器与生物传感器等酶工程技术迅速获得应用。随着第三代酶制剂的诞生，应用各种酶工程技术制造精细化工产品和医药用品及其在化学检测、环境保护等各个领域的有效应用，使酶工程技术的产业化水平在现代生物技术领域中名列前茅，并正在与基因工程、细胞工程和微生物工程融为一体，形成一个具有很大经济效益的新型工业门类。

维持生命的营养素——维生素

维生素是人类和动物体生命活动所必需的一类物质，许多维生素是人体不能自身合成的，一般都必须从食物或药物中摄取。当机体从外界摄取的维生素不能满足其生命活动的需要时，就会引起新陈代谢功能的紊乱，导致生病。维生素缺乏病曾经是猖獗一时的严重疾病之一，例如，人体内维生素 C 缺乏会引起坏血病；维生素 B_1 缺乏会引起脚气病，都曾经是摧毁人类特别是海员和士兵的大敌。

你知道吗

脚气病有什么临床表现

脚气病在临床上以消化系统、神经系统及心血管系统的症状为主，常发生在以精白米为主食的地区。其症状表现为多发性神经炎、食欲不振、大便秘结，严重时可出现心力衰竭，称脚气性心脏病，还有的有水肿及浆液渗出，常见于足踝部其后发展至膝、大腿至全身，严重者可有心包、胸腔及腹腔积液。

但是，过量或不适当地食用维生素，或者有些人把维生素当成补药，以致造成人体内某些维生素过多症，对身体也是有害的。因此，切莫把维生素看成灵丹妙药。

到目前为止，已经发现的维生素可以分为脂溶性维生素和水溶性维生素两大类。在维生素刚被发现时，它们的化学结构还是未知的，因此，只能以英文字母来命名，如维生素 A、维生素 B、维生素 C。但是不久就发现，某些被认为是单一化合物的维生素原来是由多种化合物组成的，于是就产生了"维生素族"的命名方法。例如，原来认为维生素 B 是单一的化合物，后来知道它是由多种化合物组成的，这样就需要在维生素 B 的英文字母下加角标的方法来命名，这就是维生素 B_1、维生素 B_2、维生素 B_5、维生素 B_6。实际上，现在每一种维生素都已经有了它的学名（即化学名称）。维生素还都有俗名，但不同国家所用的俗名差别很大，很不规则。

过氧化自由基

氢过氧化物

生育酚

生育酚自由基

α-生育酚的氧化降解途径

维生素

◎ 维生素 A_1

维生素 A_1 以游离醇或酯的形式存在于动物界。人体所需的维生素 A_1，大部分来自动物性食物中，在动物脂肪、蛋白、乳汁、肝中，维生素 A_1 的含量丰富。植物界中虽然不存在维生素 A_1，但维生素 A_1 的前体（即维生素 A_1，原由它可以产生维生素 A_1）却广泛分布于植物界，它就是 β - 胡萝卜素。植物性食物中的 β - 胡萝卜素在肠壁内能转变为维生素 A_1，因此含 β - 胡萝卜素的植物性食物也是人体所需维生素 A_1 的来源。

基本小知识

中枢神经系统

中枢神经系统是神经系统的主要部分，其位置常在人体的中轴，由明显的脑神经节、神经索或脑和脊髓以及它们之间的连接成分组成。在中枢神经系统内大量神经细胞聚集在一起，有机地构成网络或回路。中枢神经系统是接受全身各处的传入信息，经它整合加工后成为协调的运动性传出，或者储存在中枢神经系统内成为学习、记忆的神经基础。

维生素 A_1 影响许多细胞内的新陈代谢过程，在视网膜的视觉反应中有特殊的作用，而维生素 A_1 醛（视黄醛）在视觉形成过程中起重要作用。视网膜中有感强光和感弱光的两种细胞，感弱光的细胞中含有一种色素，叫做视紫红质，它是在黑暗的环境中由顺视黄醛和视蛋白结合而成的，在遇光时则会分解成反视黄醛和视蛋白，并引起神经冲动，传入中枢神经产生视觉。视黄醛在体内不断地被消耗，需要维生素 A_1 加以补充。

如果人体内缺少维生素 A_1，合成的视紫红质就会减少，使人在弱光中的视力减退，这就是产生夜盲症的原因，所以维生素 A_1 可用于治疗夜盲症。例如中国民间很早就用羊肝治疗"雀目"（即夜盲症）。

维生素 A_1 还与上皮细胞的正常结构和功能有关，缺少维生素 A_1 会导致眼结膜和角膜的干燥和发炎甚至失明。维生素 A_1 的缺乏还会引起皮肤干燥和鳞片状脱落以及毛发稀少、呼吸道的多重感染、消化道感染和吸收能力低下。

人体每天对维生素 A_1 的需要量为：成人（男）约为 1000 微克；成人（女）约为 800 微克；儿童（1～9 岁）约为 400～700 微克。如果提供的是动物性食物中所含的维生素 A_1，数量可略低；如果提供的是植物性食物中所含的 β－胡萝卜素，则数量要略高。

◎ 钠和钾

体内钠和钾的浓度平衡是维持生命的重要环节。如果细胞内外的钠和钾离子的浓度变得一样，生命活动就要停止。为了阻止细胞内外的钠和钾离子浓度变成一样，全靠细胞膜这个精密的"大门"来控制。细胞内所需要的离子不够时，细胞膜"大门"打开，将离子放进去；细胞内离子多余时，也把"大门"打开，将离子放出来。利用控制离子浓度的方法，维持细胞内外离子浓度的差别，才能维持生命活动。在人体内，钠主要以氯化钠形式存在于细胞外液中，依靠氯化钠可以把一定量的水吸到细胞里面，使人体组织维持一定的水分。

尽管我们的饮食、呼吸和排泄物中不断地有酸和碱的进入和输出，可是我们的血液大体上总是保持中性的。那么，人靠什么来维持这种酸度，或者说，怎样维持这种酸碱平衡呢？这主要靠血浆中的碳酸（由二氧化碳溶于水形成）和碳酸氢钠来共同维持，碳酸和碳酸氢钠组成了缓冲溶液，它既能抗酸，又能抗碱，就维持了血浆的酸碱平衡。

钾是动植物体内一种重要的酶的激活剂。钾离子和该酶结合后，才能使它发挥最大的活性，而这需要钾离子的浓度为 0. 05 ~ 0. 10 摩尔/升。

在人类有历史记载的年代里，盐就曾经被用作流动货币。有的民族还常常为客人献上一块盐表示好意，这些都说明人类早就知道盐的重要性。对一个人来说，到底在饮食中需要多少盐，是因人、因地、因环境而不同的。通常认为，每人每天大约需要1 ~ 2 克食盐，其中大部分是在做主、副食时加进去的。盐的平衡又与水的平衡分不开，出汗很多的高温作业的工人要喝盐水来补充因出汗太多而损失的大量盐分。对于严重脱水的病人，如果单独补充氯化钠是不够的，还要补充氯化钾，才能保持体内的离子平衡。

拓展阅读

钾对植物的影响

钾能促进植株茎秆健壮，改善果实品质，增强植株抗寒能力，提高果实的糖分和维生素 C 的含量，和氮、磷的情况一样，缺钾症状首先出现于老叶。钾素供应不足时，碳水化合物代谢受到干扰，光合作用受抑制，而呼吸作用加强。因此，缺钾时植株抗逆能力减弱，易受病害侵袭，果实品质下降，着色不良。瓜、果、番茄等对钾肥的需求主要是在果实迅速膨大期。

人体不必担心缺少钾，因为我们很容易从食物里获得所需要的钾。在我们所吃的植物性和动物性食物里，含钾都比较丰富，这是因为氮、磷、钾是植物生长必需和主要的肥料，而植物又是人的食物，于是，人的食物中所含的钾也不少。但有一点应该引起我们注意，有些人长期吃菜而不喝菜汤是不合理的，因为菜汤中所含的钾离子比菜里还多。

◎ 钙和镁

钙和镁也是人体组织必需的而且量比较大的金属元素。尽管我们很容易从大多数食物中得到足够多的钙，可是缺钙的病症仍然不是少见的，因为吃进去的钙要通过重重关口才能被人体吸收。一个主要的关口是食物中的许多阴离子会使钙离子沉淀，而不能被人体吸收。例如磷酸根阴离子容易与钙离子形成不溶性的磷酸钙，只有磷酸二氢钙的溶解度比较大，方可被人体吸收，但是很可惜，磷酸二氢钙只有在胃处于酸性条件下才稳定，于是，人体吸收磷酸二氢钙又遇到了难关。

当食物在胃里与胃酸混匀后来到能吸收钙的十二指肠时，又会很快被碱性的胆质中和，这时钙又被沉淀下来而不被吸收。高蛋白的食物中含磷酸盐较多，而磷酸盐越多，越容易使钙离子沉淀而不能被吸收。

人体所含的大部分钙都在细胞外面，所以钙主要是在骨骼和牙齿这些硬组织里，只有一部分钙留在血浆中，这是人体的钙的仓库，数量虽然不多，但很重要。血浆里虽然也存在着磷酸根离子和碳酸根离子，这是因为钙离子早已和血浆里的蛋白质和其他配位体形成了稳定的络合物。钙先暂时贮存在血浆里作为转运站，需要时再慢慢沉积在骨骼里。

血浆里的钙在血液的凝固过程中也起着微妙的作用。血液在血管里是不会凝固的，但流出来以后就会凝固了。其原因在于钙在把凝血酶原转变成凝血酶时有一定的作用，而凝血酶则在血液凝固时是举足轻重的。

血浆里的钙的运送和传输是由维生素 D 和副肾上腺素来控制的，由它们来开关吸收钙的"大门"。钙不够时，打开"大门"把钙放进血浆中，达到一定浓度后，就把"大门"关死。下一步是血浆里的钙离子和蛋白质结合，组成网架，然后将磷酸二氢钙沉积在网架之中，就好像钢筋中灌入了水泥一样，形成骨骼和牙齿等硬组织。

广角镜

肌肉的构成

如果我们放大肌肉群，就会发现肌肉是由一道道像钢缆一样的肌纤维捆扎起来的。这些钢缆组合成较粗较长的缆绳群组，当肌肉用力时，它们就像弹簧一样一张一缩。在那些最粗的缆索之内，有肌纤维、神经、血管，以及结缔组织。每根肌纤维是由较小的肌原纤维组成的。每根肌原纤维，则由缠在一起的两种丝状蛋白质（肌凝蛋白和肌动蛋白）组成。这就是肌肉的最基本单位。

血液中的钙离子浓度过高也是一种病，称为高血钙病。得了这种病，容易发生尿道结石以及全身性骨骼变粗和软骨钙化。血浆里钙的浓度太高，有时还会使心脏在收缩期突然停止跳动。

细胞内的钙离子大部分与蛋白质结合，存在于细胞膜上，真正处于细胞内的钙离子是很少的。肌肉受到刺激时之所以会收缩，是因为当刺激信号传来时，肌肉细胞里的钙离子浓度突然上升所引起的。只有使钙离子原来的浓度比较低，才能有可能上升，肌肉才有收缩功能。人类的生存与肌肉收缩有着千丝万缕的关系，人要通过肌肉收缩来实现呼吸、消化、运动以及说话等活动。可见，钙离子对生命活动有多么重要。

镁离子之所以重要，恐怕是因为它与酶的关系了。镁离子是许多酶的激活剂，没有镁，这些酶将失去生命力。

◎ 碘

碘主要存在于海洋中。海水里的碘化物被海生植物（如海带）吸收后进入这些植物中，海盐中也含有碘，人吃了海生植物和海盐后，碘便参加了人体内的新陈代谢循环。

碘

碘的主要功能是参与甲状腺素的构成，碘集中在甲状腺内转变成甲状腺素和碘化对羟苯基丙氨酸。成人体内含碘 20～50 毫克，有 20% 的碘分布在甲状腺内。人体缺碘会引起甲状腺肿大。健康的成人的甲状腺内含碘约 8 毫克，而甲状腺肿大患者的碘含量可少至 1 毫克以下。

人体所需的碘可以从饮水、食物和食盐中取得，这些物质中的含碘量主要取决于各地区的地质情况。一般情况下，远离海洋的内陆山区，土壤中含碘较少，水和食物中的含碘量也不高，因此，这些地区可能成为地方性甲状腺肿大的高发地区。多数国家对人体碘供给量没有统一的规定，一般认为，成人每日摄入 100～200 微克的碘，但对强体力劳动者、孕妇、乳母以及正在生长发育的青少年，每日供给的碘量应适当增加。

预防甲状腺肿大，应该经常吃含碘高的海带、紫菜等海产品。内陆山区以采用食盐加碘的方法最为有效，这种盐称为加碘盐。在 1 吨食盐中，加入 10 克碘酸钠或碘化钾最为合适。

◎氟

氟与我们的日常生活也有很大的关系。牙科医生在研究饮用水中所含的矿物质与产生龋齿的原因之间的关系时，曾经发现水中所含的少量氟化物可以抑制龋齿的发生。氟化物与牙齿中所含的钙作用，在牙齿表面形成一层坚实的氟化钙保护层，可以防止酸的侵蚀和虫柱。受到这些研究的启发，工厂生产了含氟化物的药物牙膏，如氟化钠牙膏、氟化锶牙膏、氟化亚锡牙膏，被用来预防和治疗龋齿。

在有些地区，水源中的含氟量低，甚至可以采用在饮水中加入控制量的氟化物，以增进牙齿的健康。但是，饮水中氟的含量不是越高越好，含量高了也有害处，例如，氟多了会与体液中的钙离子结合成溶解度小的氟化钙，它们沉积在骨骼里，会引起氟骨症。所以饮水中的含氟量必须控制，太少了不行，太多了则有害。

基本小知识

氟骨症

氟骨症是指长期摄入过量氟化物引起氟中毒并累及骨组织的一种慢性侵袭性全身性骨病。氟中毒累及牙齿称氟斑牙。氟骨症的主要临床表现是腰腿关节疼痛，关节僵直，骨骼变形以及神经根、脊髓受压迫的症状和体征。

◆ 生命的标志——氨基酸

氨基酸是含有氨基和羧基的一类有机化合物的通称，是生物功能大分子蛋白质的基本组成单位，是构成动物营养所需蛋白质的基本物质，是含有一个碱性氨基和一个酸性羧基的有机化合物，氨基一般连在 α - 碳上。

构成蛋白质的氨基酸都是一类含有羧基并在与羧基相连的碳原子下连有氨基的有机化合物，目前自然界中尚未发现蛋白质中有氨基和羧基不连在同一个碳原子上的氨基酸。

天然的氨基酸现已经发现的有 300 多种，其中人体所需的氨基酸约有 22 种，分非必需氨基酸和必需氨基酸（人体无法自身合成）。另有酸性、碱性、中性、杂环分类，是根据其化学性质分类的。

　　1. 必需氨基酸（essential amino acid）：指人体（或其他脊椎动物）不能合成或合成速度远不适应机体的需要，必需由食物蛋白供给，这些氨基酸称为必需氨基酸。共有 8 种，其作用分别是：

　　①赖氨酸（Lysine）：促进大脑发育，是肝及胆的组成成分，能促进脂肪代谢，调节松果腺、乳腺、黄体及卵巢，防止细胞退化；

　　②色氨酸（Tryptophan）：促进胃液及胰液的产生；

　　③苯丙氨酸（Phenylalanine）：参与消除肾及膀胱功能的损耗；

　　④蛋氨酸（又叫甲硫氨酸）（Methionine）：参与组成血红蛋白、有促进脾脏、胰脏及淋巴的功能；

　　⑤苏氨酸（Threonine）：有转变某些氨基酸达到平衡的功能；

　　⑥异亮氨酸（Isoleucine）：参与胸腺、脾脏及脑下腺的调节以及代谢；脑下腺属总司令部作用于甲状腺、性腺；

　　⑦亮氨酸（Leucine）：用来平衡异亮氨酸；

　　⑧缬氨酸（Valine）：作用于黄体、乳腺及卵巢。

　　8 种人体必需氨基酸的记忆口诀（联想记忆法）：

　　①"借一两本蛋色书来"

　　谐音：借（缬氨酸）一（异亮氨酸）两（亮氨酸）本（苯丙氨酸）蛋（蛋氨酸）色（色氨酸）书（苏氨酸）来（赖氨酸）

　　②"笨蛋来宿舍，晾一晾鞋"

　　笨（苯丙氨酸）蛋（蛋氨酸）来（赖氨酸）宿（苏氨酸）舍（色氨酸）晾（亮氨酸）一晾（异亮氨酸）鞋（缬氨酸）

　　③"携带一两本甲硫色书来"

　　携（缬氨酸）带一（异亮氨酸）两（亮氨酸）本（苯丙氨酸）甲硫（甲硫氨酸）色（色氨酸）书（苏氨酸）来（赖氨酸）

　　④"一家写两三本书来"

　　一（异亮氨酸）家（甲硫氨酸）携（缬氨酸）两（亮氨酸）三（色氨酸）本（苯丙氨酸）书（苏氨酸）来（赖氨酸）

其理化特性大致有：

①都是无色结晶。熔点在230℃以上，大多没有确切的熔点，熔融时分解并放出CO_2；都能溶于强酸和强碱溶液中，除胱氨酸、酪氨酸、二碘甲状腺素外，均溶于水；除脯氨酸和羟脯氨酸外，均难溶于乙醇和乙醚。

②有碱性（二元氨基一元羧酸，例如赖氨酸）、酸性（一元氨基二元羧酸，例如谷氨酸）、中性（一元氨基一元羧酸，例如丙氨酸）3种类型。大多数氨基酸都呈显不同程度的酸性或碱性，呈显中性的较少。所以它既能与酸结合成盐，也能与碱结合成盐。

③由于有不对称的碳原子，呈旋光性。同时由于空间的排列位置不同，又有两种构型：D型和L型，组成蛋白质的氨基酸都属L型。由于以前氨基酸来源于蛋白质水解（现在大多为人工合成），而蛋白质水解所得的氨基酸均为α－氨基酸，所以在生化研究方面氨基酸通常指α－氨基酸。至于β，γ，δ……ω等的氨基酸在生化研究中用途较小，大都用于有机合成、石油化工、医疗等方面。氨基酸及其衍生物品种很多，大多性质稳定，要避光、干燥贮存。

知识小链接

旋光性

旋光性指当光通过含有某物质的溶液时，使经过此物质的偏振光平面发生旋转的现象。可通过存在镜像形式的物质显示出来，这是由于物质内存在不对称碳原子或整个分子不对称的结果。由于这种不对称性，物质对偏振光平面有不同的折射率，因此表现出向左或向右的旋光性。利用旋光性可以对物质（如某些糖类）进行定性或定量分析。

2. 非必需氨基酸：指人（或其他脊椎动物）自己能由简单的前体合成，不需要从食物中获得的氨基酸，例如甘氨酸、丙氨酸等氨基酸。

对人来说非必需氨基酸为甘氨酸、丙氨酸、丝氨酸、天冬氨酸、谷氨酸、脯氨酸、精氨酸、组氨酸、酪氨酸、胱氨酸。这些氨基酸由碳水化合物的代谢物或由必需氨基酸合成碳链，进一步由氨基转移反应引入氨基生成氨基酸。

即使摄取非必需氨基酸，也是对生长有利的。

形形色色的激素

胰脏的功能

　　胰脏同时具有内分泌与外分泌两种功能，胰脏的内分泌指的主要是胰岛素的分泌，胰岛素是使细胞能够利用血液中的葡萄糖的重要激素，当吃饱饭后，血中的血糖会升高，此时胰岛素就会被释放到血液中，让葡萄糖进入细胞内使细胞利用，降低血糖。胰脏的外分泌指的是胰液，含有胰蛋白酶、淀粉酶等多种物质，可作用于肠道分解蛋白质等物质。

　　地球上的生物都按着各自的形式进行着生命活动，这些生命活动既繁忙又复杂，可它们总是纹丝不乱、一刻不停地进行着。是什么使得机体各部分之间相互配合、如此协调地完成它们的功能呢？是激素！这是直到 20 世纪初才被科学家所发现的生物体自己产生的特殊化学物质。1906 年，英国的斯塔林最先提出了"激素"这一名词。在有机体内，有一些器官和细胞能产生各种不同的激素，它们像忠实的信徒，随着血液在周身循环流动，把控制正常生命活动的信息带给某些器官和组织。地球上的动物、植物都是通过激素的调节和控制，维持着正常的生命活动的。如果激素的作用受到干扰，就会影响生物体的正常生长，甚至引起病变和死亡。动物体内的激素是由内分泌腺分泌的。人体主要的内分泌腺有脑垂体、松果体、甲状腺、甲状旁腺、胸腺、胰岛、肾上腺和性腺等，分泌的激素有各种促激素、生长激素、甲状旁腺素、胸腺素、胰岛素、肾上腺素、性激素等数十种激素。人类研究得较多的是胰岛分泌的胰岛素。最早开始研究的是两位加拿大科学家班丁和麦克劳德。

　　班丁 1916 年从医学院毕业，在第一次世界大战中成为军医，战后在多伦多市当外科住院医师。他的业余爱好就是研究糖尿病。当时人们已在推测糖尿病可能与胰腺分泌的特殊物质有关，并把这一分泌物称为"胰岛素"。因此，有人就用动物的胰腺尝试着治疗糖尿病，但都没有收到预料的效果。班丁认为：糖尿病人服用动物胰腺后，可能胃液将其中的激素破坏了，使它无法进入血液降低血糖。如果将胰腺中的胰岛素分离出来，通过注射进入血液，可能达到降低血糖的作用。但这一设想实施起来却遇到了重重困难。班丁在寻求帮助时，获得了当时著名的实验糖尿病专家、生理学教授麦克劳德的支持。

班丁从未做过系统的实验研究，缺乏测定血糖、尿糖、尿氮的实验技术，于是麦克劳德帮助他进行实验设计。实验结果是提取物确有降低血糖和尿糖的作用，于是，他们开始用提取的方法批量生产胰岛素以供临床治疗之用。他们因此获得了 1923 年的生理学和医学诺贝尔奖。

当胰岛素分泌不足时，血液中血糖含量升高，随着尿液排出，形成糖尿病；当胰岛素分泌过多时，又会使血糖浓度下降，产生低血糖症。这两种情形都会引起体内糖代谢的紊乱。胰岛素的发现，为临床治疗提供了新的药品，也推动了蛋白质化学的理论研究。胰岛素是由 51 个氨基酸组成的多肽，各种动物的胰岛素虽然有些差异，但基本结构是相似的。许多科学家都尝试过将51 种氨基酸通过人工合成的方法获得胰岛素结晶。1965 年，我国科学家经过6 年零 9 个月的工作，在世界上首次用人工的方法合成了具有生物活性的结晶牛胰岛素。1971 年，又成功地测定了胰岛素晶体的空间结构。由于胰岛素在临床治疗上需要量很大，人们一直在寻求提高工业生产胰岛素产量的有效方法。随着 20 世纪 70 年代基因重组技术的问世，像胰岛素这样的药物就可以通过基因重组细菌发酵生产了。1978 年，通过基因重组的大肠杆菌首次成功地产生了人胰岛素。1982 年，通过基因工程生产的人胰岛素即投入了商品市场。过去从牛、羊、猪的胰腺中提取胰岛素，如每生产 100 克猪胰岛素需要从 750 千克猪胰中提取，工作量大，产量也远远供不应求，价格昂贵。通过基因工程生产胰岛素，每 2000 升细菌培养液中就可提取 100 克，而且比猪胰岛素对人体更安全。

在长期细致的观察和实验中发现：除了高等动物以外，昆虫体内也有激素存在，它们个体虽小，但同样有完备的内分泌器官，分泌重要的激素。已发现的昆虫体内激素多达 10 多种，其中脑激素、保幼激素、蜕皮激素、滞育激素为主要激素。它们共同调节、控制着昆虫的生长、蜕皮、变态、生殖、滞育等生理环节。某种激素缺少或过多，都会对昆虫产生特殊的影响。因此，人们可利用昆虫体内激素变化的规律来控制昆虫的生理过程。例如在害虫的幼虫期，可大量地给予某种激素，促使害虫提前或推迟蜕皮、羽化；扰乱昆虫的正常生活规律，使害虫产生畸形或不育，减少虫害。

另外，昆虫在一定的时间和场合，还能向体外释放具有挥发性的外激素，如性外激素、聚集外激素、警告外激素、追踪外激素等，用来警告、引诱、通知同伴，达到某种目的。

许多雌蛾常在夜间释放性外激素，有时可扩散到几千米以外，雄蛾通过触角感受到这种特殊物质以后，就会飞来同雌蛾交配；当小蠹虫甲虫发现了寄主植物之后，会分泌聚集外激素，把分散的小蠹甲虫聚集到一起；个别蚜虫发现七星瓢虫、草蜻蛉等天敌时，会释放警告外激素，通知同伴警惕；蜜蜂通过释放追踪外激素，使自己不管飞出多远，仍能准确无误地返回蜂箱……

广角镜

乙烯与植物

乙烯为一种植物激素。由于具有促进果实成熟的作用，并在成熟前大量合成，所以认为它是成熟激素，可抑制茎和根的增粗生长、幼叶的伸展、芽的生长、花芽的形成；另一方面可促进茎和根的扩展生长、不定根和根毛的形成、某些种子的发芽、偏上生长、芽弯曲部的形成器官的老化或脱离等。能促进凤梨的开花，促进水稻和水繁缕茎的生长。

20世纪20年代，人们发现植物体内也有激素——植物激素，它们在植物体内的含量非常少，一般只占植物鲜重的百万分之几，但却有着显著的调节和控制植物生长发育的作用。这些激素包括生长素、赤霉素、细胞分裂素、脱落酸、乙烯等五大类，它们能够促进细胞的生长和分裂、生根、发芽、开花、结果、催熟、防衰老、抑制节间伸长、侧芽生长、休眠、落叶等植物生理活动。

生长素能够促进细胞生长。如果你注意观察的话，会发现窗台上的盆栽花的枝和叶总是向着窗外光线充足的方向生长的，这就是植物的向光性。为什么植物的枝叶会主动朝着向光面呢？因为光线会改变植物体内生长素的分布，向光面的生长素分布少，细胞生长就慢；背光面的生长素分布多，细胞生长较快，这样，枝条就向生长慢的一侧弯曲。植物的向光性使植物能够得到足够的光照，有利于生长。生长素还能促进果实发育，防止落花落果。但如果浓度太高，也能抑制植物的生长。

如果将一块刚收获的马铃薯种到地里，是不可能发芽的，因为马铃薯有休眠期。而赤霉素就有打破某些作物休眠的作用。采用赤霉素打破马铃薯的休眠期，有利于提高出苗率。赤霉素还能大大增加植物的株高，矮玉米经赤霉素处理后可长得跟正常玉米一样高大，它具有跟生长素类似的促进生长的作用。

俗话说："秋风扫落叶"。其实树叶并不是被秋风吹落的，

> **趣味点击 植物也"休眠"**
>
> 植物体或其器官在发育的过程中，生长和代谢会出现暂时停顿的现象，这段时期被称为休眠期。通常是由内部生理原因决定的，种子、茎、芽都可处于休眠状态。特别是生活在冷、热、干、湿季节性变化很大的气候条件下，能使植物体渡过不良环境。对于一些植物，如马铃薯、洋葱、大蒜，用人工方法，延长其休眠期，则有利于贮存。

而是植物体内的脱落酸起的作用。脱落酸能促进叶柄的衰老和脱落，这是植物在长期的进化过程中产生的一种适应。在寒冬到来之前，植物脱去叶片，防止水分大量蒸发，使芽处于休眠状态，抵御寒冷的侵袭。

一箱水果中，只要有一只成熟的果实，就能引起整箱水果很快地成熟。这是因为乙烯的催熟作用。成熟果实能释放出乙烯，这种乙烯能促进邻近果实很快成熟，新成熟的果实又产生大量的乙烯，很快导致整箱果实的成熟。另外，乙烯还能促进雌花的发育。

五大类激素共同影响着植物的生理活动，随着科学日新月异的发展，可望在农业生产中更合理地利用这些激素来提高作物产量，为人类提供更富足的农产品，缓解人类所面临的日益严重的粮食和资源危机。

人工酶与限制酶

生物体内的天然酶都是由几百个氨基酸分子组成的蛋白质。酶之所以有很强的催化作用，跟它特有的结构有关。酶有一个活化中心，即它的催化基团。在化学反应中，催化基团处在两个底物小分子中间，把两个小分子紧紧地拉在周围，使它们结合起来。这就好比一个大人的两只手拉住两个小孩使他们亲近。酶的这种作用能大大加速生物化学反应。

自然界里的酶往往难以提纯，生产成本又高，于是寻求人工合成酶就成为热门的研究课题。

研制人工酶还处在开始阶段，经过几年的努力已经取得重大的进展。目前研制的人工酶，它的催化速度已接近天然酶，也就是说能使化学反应的速度提高 1 亿倍以上（天然酶通常是 100 亿～10000 亿倍）。只要设计得当，人工酶的催化速度还可以提高。这就足以说明，在酶工程研究领域，人工酶是大有可为的。

在细菌内存在的一类能识别并水解外源 DNA 限制性内切酶，它具有极好的专一性，能识别 DNA 上的特定位点，将 DNA 的两条链都切断，形成粘性末端或平末端。DNA 经限制酶切割后产生的具有碱基互补单链的末端称为粘性末端。限制酶的生物学功能在于降解外面侵入的 DNA 而不降解自身细胞中的 DNA，因自身 DNA 的酶切位点经修饰酶的甲基化修饰而受到保护。限制酶较为稳定，常用的约 100 多种并已转化为商品。限制酶在分析染色体结构、制作 DNA 的限制酶图谱、测定较长 DNA 序列以及基因的分离、基因的体外重组等研究中是不可缺少的重要工具酶。

生命密码揭秘

　　1856 年，奥地利科学家孟德尔开始了长达 8 年的豌豆实验。他通过人工培植这些豌豆，对不同代的豌豆的性状和数目进行细致入微的观察、计数与分析，最后发现了生物遗传的基本规律，并得到了相应的数学关系式。但未能引起当时学术界的重视。

　　到了 20 世纪初期，来自三个国家的三位学者同时独立地"重新发现"孟德尔遗传定律。1900 年也成为遗传学史乃至生物科学史上划时代的一年。从此，遗传学进入了孟德尔时代。通过摩尔根、艾弗里、赫尔希和沃森等数代科学家的研究，已经使生物遗传机制建立在遗传物质 DNA 的基础之上。随着科学家破译了遗传密码，人们对遗传机制有了更深刻的认识。现在，人们已经开始向控制遗传机制、防治遗传疾病、合成生命等造福于人类的工作方向前进。

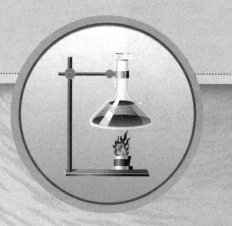

从豌豆到遗传规律

孟德尔选用豌豆做遗传试验有特定的理由：孟德尔发现，豌豆是闭花授粉的植物，由于长期的闭花授粉，保证了豌豆的纯洁性，也就是说，一个开红花的豌豆品种，后代也开红花，高杆的豌豆后代也绝对不会出现矮杆的；在豌豆中，红花与白花、高杆与矮杆、圆粒与皱粒是那样泾渭分明。这些泾渭分明的一对一对的豌豆花色、粒形等称为相对性状。正是由于豌豆的遗传相对性状泾渭分明，而闭花授粉的特点，又使它们的遗传相对性状十分稳定，用具有这样特点的植物作研究，很容易观察到受异种花粉影响的效果。豌豆虽然是闭花植物，但花形比较大，用人工的办法拔除豌豆花中的雄蕊，给雌花送上花粉是容易办到的。

孟德尔

孟德尔胸有成竹地开始了前人没有进行过的遗传实验。他一丝不苟地拔除了红花豌豆的雄花，送上白花豌豆的花粉，得到了杂种第一代（F），第一代种子长出的豌豆开的是红花，让这第一代豌豆闭花授粉，得到了第二代种子，当第二代种子长出的植株开花时，除了3/4的植株开红花外，还有1/4的植株开的是白花。他把第一代出现的那个亲本的性状叫做显性性状，而未表现出来的那个亲本性状就叫做隐性性状。把第二代中两个亲本的性状同时出现的现象称为"分离现象"。孟德尔在用豌豆做杂交试验时，仔细地观察了如下7对差别鲜明的性状：

花的颜色：红色与白色；

种子的形状：圆形和皱形；

叶子的颜色：黄色和绿色；

开花的位置：腋生（即枝叉生）和顶生；

成熟豆荚的形状：饱满和萎缩；

植株的高度：高和矮。

最初的试验是将上述单个性状上有明显差别的两种豌豆（亲本）杂交，上述 7 组相对性状分别做了 7 次杂交。7 次杂交的结果具有惊人的一致性。那就是杂种一代都只出现一个亲本的性状，例如开红花的植株与开白花的植株杂交，杂种一代总是清一色的红花；子叶是黄色的豌豆与子叶是绿色的豌豆杂交，子一代（F）总是具有黄色子叶的性状等等，这种在杂种一代中只出现杂交双亲中一个亲本性状的现象在孟德尔观察的 7 对相对性状的杂交中，无一例外。此外，当杂种一代自花授粉时，得到了杂种二代种子。

拓展阅读

孟德尔贡献

孟德尔 1822 年 7 月 20 日出生于奥地利西里西亚，是遗传学的奠基人，被誉为现代遗传学之父。孟德尔通过豌豆实验，发现了遗传规律、分离规律及自由组合规律。除了进行植物杂交实验之外，孟德尔还从事过植物嫁接和养蜂等方面的研究。此外，他还进行了长期的气象观测，他生前是维也纳动植物学会会员，并且是布吕恩自然科学研究协会和奥地利气象学会的创始人之一。

在 7 次杂交的杂种二代中，都出现了两个杂交亲本的性状，即都出现分离现象。更有趣的是杂种二代中，第一代出现过的那个亲本的性状（即显性性状）和第一代未出现的那个亲本的性状（即隐性性状）都为 3：1。

➡ 基因是什么

基因是有遗传效应的 DNA 片段，是控制生物性状的基本遗传单位。

人们对基因的认识是不断发展的。19 世纪 60 年代，遗传学家孟德尔就提

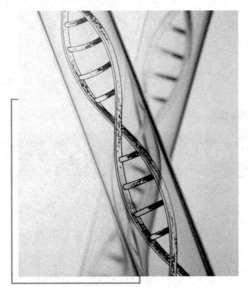

基 因

出了生物的性状是由遗传因子控制的观点，但这仅仅是一种逻辑推理的产物。20世纪初期，遗传学家通过果蝇的遗传实验，认识到基因存在于染色体上，并且在染色体上是呈线性排列，从而得出了染色体是基因载体的结论。

20世纪50年代以后，随着分子遗传学的发展，尤其是沃森和克里克提出双螺旋结构以后，人们才真正认识了基因的本质，即基因是具有遗传效应的DNA片段。研究结果还表明，每条染色体只含有1～2个DNA分子，每个DNA分子上有多个基因，每个基因含有成百上千个脱氧核苷酸。由于不同基因的脱氧核苷酸的排列顺序（碱基序列）不同，因此，不同的基因就含有不同的遗传信息。1994年中科院曾邦哲提出了系统遗传学的概念与原理，探讨猫之为猫、虎之为虎的基因逻辑与语言，提出基因之间相互关系与基因组逻辑结构及其程序化表达的发生研究。

基因有两个特点：一是能忠实地复制自己，以保持生物的基本特征；二是基因能够"突变"，突变绝大多数会导致疾病，另外的一小部分是非致病突变。非致病突变给自然选择带来了原始材料，使生物可以在自然选择中被选择出最适合自然的个体。

含特定遗传信息的核苷酸序列是遗传物质的最小功能单位。除某些病毒的基因由核糖核酸（RNA）构成以外，多数生物的基因由脱氧核糖核酸（DNA）构成，并在染色体上作线状排列。"基因"一词通常指染色体基因。在真核生物中，由于染色体都在细胞核内，所以又称为核基因。位于线粒体和叶绿体等细胞器中的基因则称为染色体外基因、核外基因或细胞质基因，也可以分别称为线粒体基因、质粒和叶绿体基因。

在通常的二倍体的细胞或个体中，能维持配子或配子体正常功能的最低数目的一套染色体称为染色体组或基因组，一个基因组中包含一整套基因。相应的全部细胞质基因构成一个细胞质基因组，其中包括线粒体基因组和叶绿体基因组等。原核生物的基因组是一个单纯的 DNA 或 RNA 分子，因此又称为基因带，通常也称为它的染色体。

　　基因在染色体上的位置称为座位，每个基因都有自己特定的座位。凡是在同源染色体上占据相同座位的基因都称为等位基因。在自然群体中往往有一种占多数的（因此常被视为正常的）等位基因，称为野生型基因；同一座位上的其他等位基因一般都直接或间接地由野生型基因通过突变产生，相对于野生型基因，称它们为突变型基因。在二倍体的细胞或个体内有两个同源染色体，所以每一个座位上有两个等位基因。如果这两个等位基因是相同的，那么就这个基因座位来讲，这种细胞或个体称为纯合体；如果这两个等位基因是不同的，就称为杂合体。在杂合体中，两个不同的等位基因往往只表现一个基因的性状，这个基因称为显性基因，另一个基因则称为隐性基因。在二倍体的生物群体中等位基因往往不止两个，两个以上的等位基因称为复等位基因。不过有一部分早期认为是属于复等位基因的基因，实际上并不是真正的等位，而是在功能上密切相关，在位置上又邻近的几个基因，所以把它们另称为拟等位基因。某些表型效应差异极少的复等位基因的存在很容易被忽视，通过特殊的遗传学分析可以分辨出存在于野生群体中的几个等位基因。这种从性状上难以区分的复等位基因称为同等位基因。许多编码同工酶的基因也是同等位基因。

基本小知识　　同源染色体

　　同源染色体是有丝分裂中期看到的长度和着丝点位置相同的两个染色体，或减数分裂时看到的两两配对的染色体。同源染色体一个来自父本，一个来自母本；它们的形态、大小和结构相同。

　　属于同一染色体的基因构成一个连锁群（见连锁和交换）。基因在染色体上的位置一般并不反映它们在生理功能上的性质和关系，但它们的位置和排列也不完全是随机的。在细菌中编码同一生物合成途径中有关酶的一系列基因常排列在一起，构成一个操纵子（见基因调控）；在人、果蝇和小鼠等不同的生物中，也常发现在作用上有关的几个基因排列在一起，构成一个基因复合体或基因簇或者称为一个拟等位基因系列或复合基因。

人类基因组计划

人类基因组计划是由美国科学家于 1985 年率先提出，于 1990 年正式启动的。美国、英国、法国、德国、日本和中国科学家共同参与了这一价值达 30 亿美元的人类基因组计划。按照这个计划的设想，在 2005 年，要把人体内约 10 万个基因的密码全部解开，同时绘制出人类基因的谱图。换句话说，就是要揭开组成人体 10 万个基因的 30 亿个碱基对的秘密。人类基因组计划与曼哈顿原子弹计划和阿波罗计划并称为三大科学计划。

1986 年，诺贝尔奖获得者罗纳特·杜伯克发表短文《肿瘤研究的转折点：人类基因组测序》。文中指出：如果我们想更多地了解肿瘤，我们从现在起必须关注细胞的基因组……从哪个物种着手努力？如果我们想理解人类肿瘤，那就应从人类开始……人类肿瘤研究将因对 DNA 的详细知识而得到巨大推动。"

你知道吗

阿波罗计划

阿波罗计划又称阿波罗工程，是美国从事的一系列载人登月飞行任务。工程开始于 1961 年 5 月，至 1972 年 12 月第 6 次登月成功结束，历时约 11 年，耗资 255 亿美元。在工程高峰时期，参加工程的有 2 万家企业、200 多所大学和 80 多个科研机构，总人数超过 30 万人。

什么是基因组（Genome）？基因组就是一个物种中所有基因的整体组成。人类基因组有两层意义：遗传信息和遗传物质。要揭开生命的奥秘，就需要从整体水平研究基因的存在，基因的结构与功能，基因之间的相互关系。

为什么选择人类的基因组进行研究？因为人类是在"进化"历程上最高级的生物，对它的研究有助于认识自身，掌握生老病死规律，疾病的诊断和治疗，了解生命的起源。

人类基因组计划包括测出人类基因组 DNA 的 30 亿个碱基对的序列，发现所有人类基因，找出它们在染色体上的位置，破译人类全部遗传信息。

在人类基因组计划中，还包括对 5 种生物基因组的研究：大肠杆菌、酵母、线虫、果蝇和小鼠，称之为人类的 5 种"模式生物"。

人类基因组计划的目的是解码生命，了解生命的起源，了解生命体生长发育的规律，认识种属之间和个体之间存在差异的起因，认识疾病产生的机制以及长寿与衰老等生命现象，为疾病的诊治提供科学依据。

▶ 基因的发现过程

从孟德尔定律的发现到现在，100 多年来人们对基因的认识在不断地深化。

1866 年，奥地利学者 G. J. 孟德尔在他的豌豆杂交实验论文中，用大写字母 A、B 等代表显性性状如圆粒、子叶黄色等，用小写字母 a、b 等代表隐性性状如皱粒、子叶绿色等。他并没有严格地区分所观察到的性状和控制这些性状的遗传因子。但是从他用这些符号所表示的杂交结果来看，这些符号正是在形式上代表着基因，而且至今在遗传学的分析中为了方便起见仍沿用它们来代表基因。

广角镜

果蝇被用于实验的原因

作为实验动物，果蝇有很多优点。首先是饲养容易，用一只牛奶瓶，放一些捣烂的香蕉，就可以饲养数百甚至上千只果蝇。第二是繁殖快，在 25℃ 左右温度下十天左右就繁殖一代，一只雌果蝇一代能繁殖数百只。

20 世纪初孟德尔的工作被重新发现以后，他的定律又在许多动植物中得到验证。1909 年丹麦学者 W·L·约翰森提出了"基因"这一名词，用它来指任何一种生物中控制任何性状而其遗传规律又符合于孟德尔定律的遗传因子，并且提出基因型和表现型这样两个术语，前者是一个生物的基因成分，后者是这些基因所表现的性状。

1910 年美国遗传学家兼胚胎学家 T·H·摩尔根在果蝇中发现白色复眼

（white eye，W）突变型，首先说明基因可以发生突变，而且由此可以知道野生型基因 W＋具有使果蝇的复眼发育成为红色这一生理功能。1911 年摩尔根又在果蝇的 X 连锁基因白眼和短翅两品系的杂交子二代中，发现了白眼、短翅果蝇和正常的红眼长翅果蝇，首先指出位于同一染色体上的两个基因可以通过染色体交换而分处在两个同源染色体上。交换是一个普遍存在的遗传现象，不过直到 20 世纪 40 年代中期为止，还从来没有发现过交换发生在一个基因内部的现象。因此当时认为一个基因是一个功能单位，也是一个突变单位和一个交换单位。

20 世纪 40 年代以前，人们对于基因的化学本质并不了解。直到 1944 年 O·T·埃弗里等证实肺炎双球菌的转化因子是 DNA，才首次用实验证明了基因是由 DNA 构成。

1955 年 S. 本泽用大肠杆菌 T4 噬菌体作材料，研究快速溶菌突变型 rⅡ 的基因精细结构，发现在一个基因内部的许多位点上可以发生突变，并且可以在这些位点之间发生交换，从而说明一个基因是一个功能单位，但并不是一个突变单位和交换单位，因为一个基因可以包括许多突变单位（突变子）和许多重组单位（重组子）。

1969 年 J·夏皮罗等从大肠杆菌中分离到乳糖操纵子，并且使它在离体条件下进行转录，证实了一个基因可以离开染色体而独立地发挥作用，于是颗粒性的遗传概念更加确立。随着重组 DNA 技术和核酸的顺序分析技术的发展，人们对基因的认识又有了新的发展，主要是发现了重叠的基因、断裂的基因和可以移动位置的基因。

基因的类别

20 世纪 60 年代初 F·雅各布和 J·莫诺发现了调节基因。把基因区分为结构基因和调节基因是着眼于这些基因所编码的蛋白质的作用：凡是编码酶蛋白、血红蛋白、胶原蛋白或晶体蛋白等蛋白质的基因都称为结构基因；凡是编码阻遏或激活结构基因转录的蛋白质的基因都称为调节基因。但是从基因的原初功能这一角度来看，它们都是编码蛋白质。根据原初功能（即基因的产物）基因可分为：

①编码蛋白质的基因。包括编码酶和结构蛋白的结构基因以及编码作用于结构基因的阻遏蛋白或激活蛋白的调节基因。②没有翻译产物的基因。转录成为 RNA 以后不再翻译成为蛋白质的转移核糖核酸（tRNA）基因和核糖体核酸（rRNA）基因。③不转录的 DNA 区段。如启动区、操纵基因等等。前者是转录时 RNA 多聚酶开始和 DNA 结合的部位，后者是阻遏蛋白或激活蛋白和 DNA 结合的部位。已经发现在果蝇中有影响发育过程的各种时空关系的突变型，控制时空关系的基因有时序基因、格局基因、选择基因等。

一个生物体内的各个基因的作用时间常不相同，有一部分基因在复制前转录，称为早期基因；有一部分基因在复制后转录，称为晚期基因。一个基因发生突变而使几种看来没有关系的性状同时改变，这个基因就称为多效基因。

不同生物的基因数目有很大差异，已经确知 RNA 噬菌体 MS2 只有 3 个基因，而哺乳动物的每一细胞中至少有 100 万个基因。但其中极大部分为重复序列，而非重复的序列中，编码肽链的基因估计不超过 10 万个。除了单纯的重复基因外，还有一些结构和功能都相似的为数众多的基因，它们往往紧密连锁，构成所谓基因复合体或叫做基因家族。

基本小知识

晶体蛋白

晶体蛋白是脊椎动物眼球晶状体中的水溶性结构蛋白，约占晶状体蛋白质的 90%。主要有 3 种类型（α，β，γ），还有 δ、ε 型，其比例、翻译后修饰或聚集程度具有种属差异，但其一级结构明显保守。

◎ 等位基因

位于一对同源染色体的相同位置上控制某一性状的不同形态的基因。不同的等位基因产生例如发色或血型等遗传特征的变化。等位基因控制相对性状的显隐性关系及遗传效应，可将等位基因区分为不同的类别。在个体中，等位基因的某个形式（显性的）可以比其他形式（隐性的）表达得多。等位基因是同一基因的另外"版本"。例如，控制卷舌运动的基因不止一个"版本"，这就解释了为什么一些人能够卷舌，而一些人却不能。有缺陷的基因版本与某些疾病有关，如囊性纤维化。值得注意的是，每个染色体都有一对"复制本"：一个来自父亲，一个来自母亲。这样，我们的大约 3 万个基因中的每一个都有两个"复制本"。这两个复制本可能相同（相同等位基因），也可能不同。在细胞分裂过程中，染色体的外观就是如此。如果比较两个染色体（男性与女性）上的相同部位的基因带，你会看到一些基因带是相同的，说明这两个等位基因是相同的，但有些基因带却不同，说明这两个"版本"（即等位基因）不同。

知识小链接

囊性纤维化

囊性纤维化，一种遗传性外分泌腺疾病，主要影响胃肠道和呼吸系统，通常具有慢性梗阻性肺部病变、胰腺外分泌功能不足和汗液电解质异常升高的特征。临床上有肺脏、气道、胰腺、肠道、胆道、输精管、子宫颈等的腺管被黏稠分泌物堵塞所引起一系列症状，而以呼吸系统损害最为突出。

拟等位基因：表型效应相似，功能密切相关，在染色体上的位置又紧密连锁的基因。它们像等位基因，但实际不是等位基因。

传统的基因概念由于拟等位基因现象的发现而更趋复杂。摩根学派在其早期的发现中特别使他们感到奇怪的是相邻的基因一般似乎在功能上彼此无关，各行其是。影响眼睛颜色、翅脉形成、刚毛形成等等的基因都可能彼此相邻而处。具有非常相似效应的基因一般都是单个基因的等位基因。如果基因是交换单位，那就绝不会发生等位基因之间的重组现象。事实上摩根的学生早期试图在白眼基因座位发现等位基因的交换之所以都告失败，后来才知道主要是由于试验样品少。Oliver 首先取得成功，在普通果蝇的菱形基因座位上发现了等位基因不均等交换的证据。两个不同等位基因（Izg/Izp）被标志基因拼合在一起的杂合子以 0.2% 左右的频率回复到野生型。标志基因的重组证明发生了"等位基因"之间的交换。

非常靠近的基因之间的交换只能在极其大量的试验样品中才能观察到，由于它们的正常行为类似等位基因，因此称为拟等位基因。它们不仅在功能上和真正的等位基因很相似，而且在转位后能产生突变体表现型。它们不仅存在于果蝇中，在玉米中也已发现，而且在某些微生物中发现的频率相当高。分子遗传学对这个问题曾有很多解释，然而由于目前对真核生物的基因调节还知之不多，所以还无法充分了解。

位置效应的发现产生了深刻影响。杜布赞斯基在一篇评论性文章中曾对此作出下面的结论："一个染色体不单是基因的机械性聚合体，而且是更高结构层次的单位……染色体的性质由作为其结构单位的基因的性质来决定；然而染色体是一个合谐的系统，它不仅反映了生物的历史，它本身也是这历史的一个决定因素"。

有些人并不满足于这种对基因的"串珠概念"的温和修正。自从孟德尔主义兴起之初就有一些生物学家援引了看来是足够份量的证据反对基因的颗粒学说。位置效应正好对他们有利。戈尔德施密特这时变成了他们最雄辩的代言人。他提出一个"现代的基因学说"来代替（基因的）颗粒学说。按照他的这一新学说，并没有定位的基因而只有"在染色体的一定片段上的一定分子模式，这模式的任何变化（最广义的位置效应）就改变了染色体组成部分的作用从而表现为突变体。"染色体作为一个整体是一个分子"场"，习惯上所谓的基因是这个场的分立的甚至是重叠的区域，突变则是染色体场的重新组合。这种场论和遗传学的大量事实相矛盾因而未被承认，但是像戈尔德施密特这样一位经验丰富的知名遗传学家竟然如此严肃地

你知道吗

ABO 血型是如何发现的

ABO 血型是 1900 年由奥地利的兰德施坦纳发现的。他把每个人的红细胞分别与别人的血清交叉混合后，发现有的血液之间发生凝集反应，有的则不发生。他认为凡是凝集者，红细胞上有一种抗原，血清中有一种抗体。如抗原与抗体有相对应的特异关系，便发生凝集反应。如红细胞上有 A 抗原，血清中有抗 A 抗体，便会发生凝集。如果红细胞缺乏某一种抗原，或血清中缺乏与之对应的抗体，就不发生凝集。根据这个原理他发现了人的 ABO 血型。

提出这个理论这件事实就表明基因学说是多么不巩固。从 1930～1950 年所发表的许多理论性文章也反映了这一点。

复等位基因：基因如果存在多种等位基因的形式，这种现象就称为复等位基因。任何一个二倍体个体只存在复等位基中的两个不同的等位基因。

在完全显性中，显性基因中纯合子和杂合子的表型相同。在不完显性中杂合子的表型是显性和隐性两种纯合子的中间状态。这是由于杂合子中的一个基因无功能，而另一个基因存在剂量效应所致。完全显性中杂合体的表型是兼有显隐两种纯合子的表型。这是由于杂合子中一对等位基因都得到表达所致。

比如决定人类 ABO 血型系统 4 种血型的基因 IA、IB、i，每个人只能有这三个等位基因中的任意两个。

◆ 基因突变

◎ 定　义

由 DNA 分子中发生碱基对的增添、缺失或改变而引起的基因结构的改变，就叫做基因突变。

一个基因内部可以遗传的结构的改变，又称为点突变，通常可引起一定的表型变化 。广义的突变包括染色体畸变，狭义的突变专指点突变。实际上畸变和点突变的界限并不明确，特别是细微的畸变更是如此。野生型基因通过突变成为突变型基因。突变型一词既指突变基因，也指具有这一突变基因的个体。

基因突变通常发生在 DNA 复制时期，即细胞分裂间期，包括有丝分裂间期和减数分裂间期；同时基因突变与脱氧核糖核酸的复制、DNA 损伤修复、癌变及衰老都有关系，基因突变是生物进化的重要因素之一。研究基因突变除了本身的理论意义以外还有广泛的生物学意义。基因突变为遗传学研究提供突变型，为育种工作提供素材，所以它还有科学研究和生产上的实际意义。

◎ 特　性

不论是真核生物还是原核生物的突变，也不论是什么类型的突变，都具有随机性、低频性和可逆性等共同的特性。

1. 随机性。指基因突变的发生在时间上、在发生这一突变的个体上、在发生突变的基因上，都是随机的。在高等植物中所发现的无数突变都说明基因突变的随机性。在细菌中情况则更为复杂。

2. 低频性。突变是极为稀有的，基因以极低的突变率（生物界总体平均值为 0.0001% ）发生突变。

3. 可逆性。突变基因又可以通过突变而成为野生型基因，这一过程称为回复突变 。正向突变率总是高于回复突变率，一个突变基因内部只有一个位置上的结构改变，才能使它恢复原状。

4. 少利多害性。一般基因突变会产生不利的影响，被淘汰或是死亡，但有极少数会使物种增强适应性。

5. 不定向性。例如控制黑毛的 a 基因可能突变为控制白毛的 a + 或控制绿毛的 a - 。

◎ 种　类

基因突变可以是自发的，也可以是诱发的。自发产生的基因突变型和诱发产生的基因突变型之间没有本质上的不同，基因突变诱变剂的作用也只是提高了基因的突变率。

按照表型效应，突变型可以区分为形态突变型、生化突变型以及致死突变型等。这样的区分并不涉及突变的本质，而且也不严格。因为形态的突变和致死的突变必然有它们的生物化学基础，所以严格地讲一切突变型都是生物化学突变型。按照基因结构改变的类型，突变可分为碱基置换、移码、缺失和插入四种。按照遗传信息的改变方式，突变又可分为错义、无义两类。

◎ 条　件

紫外线、完全失重、特定化学物质（如秋水仙素）等都可诱发突变。这三种方法都已得到了应用。

◎应 用

对于人类来讲，基因突变可以是有用的，也可以是有害的。

1. 诱变育种。通过诱发使生物产生大量而多样的基因突变，从而可以根据需要选育出优良品种，这是基因突变有用的方面。在化学诱变剂发现以前，植物育种工作主要采用辐射作为诱变剂；化学诱变剂发现以后，诱变手段便大大地增加了。在微生物的诱变育种工作中，由于容易在短时间中处理大量的个体，所以一般只是要求诱变剂作用强，也就是说要求它能产生大量的突变。对于难以在短时间内处理大量个体的高等植物来讲，则要求诱变剂的作用较强，效率较高并较为专一。所谓效率较高便是产生更多的基因突变和较少的染色体畸变。所谓专一便是产生特定类型的突变型。以色列培育"彩色青椒"的关键技术就是把青椒种子送上太空，使其在完全失重状态下发生基因突变来育种。

基本小知识

辐 射

辐射可以指热、光、声、电磁波等物质向四周传播的一种状态。也可以指从中心向各个方向沿直线延伸的特性。自然界中的一切物体，只要温度在绝对零度以上，都以电磁波的形式时刻不停地向外传送热量，这种传送能量的方式被称为辐射。物体通过辐射所放出的能量，称为辐射能。

2. 害虫防治。用诱变剂处理雄性害虫使之发生致死或条件致死的突变，然后释放这些雄性害虫，便能使它们和野生的雄性昆虫相竞争而产生致死的或不育的子代。

3. 诱变物质的检测。多数突变对于生物本身来讲是有害的，人类的癌症的发生也和基因突变有密切的关系，因此环境中的诱变物质的检测已成为公共卫生的一项重要任务。

从基因突变的性质来看，检测方法分为显性突变法、隐性突变法和回复突变法三类。

除了用来检测基因突变的许多方法以外，还有许多用来检测染色体畸变和姐妹染色单体互换的测试系统。当然对于药物的致癌活性的最可靠的测定是哺乳动物体内致癌情况的检测。但是利用微生物中诱发回复突变这一指标作为致癌物质的初步筛选，仍具有重要的实际意义。

◈ 基因探针技术

基因探针，即核酸探针，是一段带有检测标记且顺序已知的与目的基因互补的核酸序列（DNA 或 RNA）。基因探针通过分子杂交与目的基因结合，产生杂交信号，能从浩翰的基因组中把目的基因显示出来。根据杂交原理，作为探针的核酸序列至少必须具备以下两个条件：①应是单链。若为双链，必须先行变性处理。②应带有容易被检测的标记。它可以包括整个基因，也可以仅仅是基因的一部分；可以是 DNA 本身，也可以是由之转录而来的 RNA。

1. 探针的来源。DNA 探针根据其来源有 3 种：一种来自基因组中有关的基因本身，称为基因组探针（genomic probe）；另一种是从相应的基因转录获得了 mRNA，再通过逆转录得到的探针，称为 cDNA 探针（cDNA probe）。与基因组探针不同的是，cDNA 探针不含有内含子序列。此外，还可在体外人工合成碱基数不多的与基因序列互补的 DNA 片段，称为寡核苷酸探针。

2. 探针的制备。进行分子突变需要大量的探针拷贝，后者一般是通过分子克隆（molecular cloning）获得的。克隆是指用无性繁殖方法获得同一个体细胞或分子的大量复制品。当制备基因组 DNA 探针进入时，应先制备基因组文库，即把基因组 DNA 打断或用限制性酶作不完全水解，得到许多大小不等的随机片段，将这些片段体外重组到运载体（噬菌体、质粒等）中去，再将后者转染适当的宿主细胞如大肠杆菌，这时在固体培养基上可以得到许多携带有不同 DNA 片段的克隆噬菌斑，通过原位杂交，从中可筛出含有目的基因片段的克隆，然后通过细胞扩增，制备出大量的探针。

为了制备 cDNA 探针，首先需分离纯化相应的 mRNA，这从含有大量 mRNA 的组织、细胞中比较容易做到。如从造血细胞中制备 α 或 β 珠蛋白 mRNA。有了 mRNA 作模板后，在逆转录酶的作用下，就可以合成与之互补的

DNA（即 cDNA），cDNA 与待测基因的编码区有完全相同的碱基顺序，但内含子已在加工过程中切除。

寡核苷酸探针是人工合成的，与已知基因 DNA 互补的，长度可从十几到几十个核苷酸的片段。如仅知蛋白质的氨基酸顺序，也可以按氨基酸的密码推导出核苷酸序列，并用化学方法合成。

3. 探针的标记。为了确定探针是否与相应的基因组 DNA 杂交，有必要对探针加以标记，以便在结合部位获得可识别的信号，通常采用放射性同位素 ^{32}P 标记探针的某种核苷酸 α 磷酸基。但近年来已发展了一些用非同位素如生物素、地高辛配体等作为标记物的方法，但都不及同位素敏感。非同位素标记的优点是保存时间较长，而且避免了同位素的污染。

最常用的探针标记法是缺口平移法（nick translation）。首先用适当浓度的 DNA 酶 I（DNAse I）在探针 DNA 双链上造成缺口，然后再借助于 DNA 聚合酶 I（DNA poly meras I）5′→3′的外切酶活性，切去带有 5′磷酸的核苷酸；同时又利用该酶的 5′→3′聚酶活性，使 ^{32}P 标记的互补核苷酸补入缺口，DNA 聚合酶 I 的这两种活性的交替作用，使缺口不断向 3′的方向移动，同时 DNA 链上的核苷酸不断为 ^{32}P 标记的核苷酸所取代。

探针的标记可以采用随机引物法，即向变性的探针溶液加入 6 个核苷酸的随机 DNA 小片段，作为引物，当后者与单链 DNA 互补结合后，按碱基互补原则不断在其 3′－OH 端添加同位素标记的单核苷酸，这样也可以获得放射性很高的 DNA 探针。

DNA 探针是最常用的核酸探针，指长度在几百碱基对以上的双链 DNA 或单链 DNA 探针。现已获得 DNA 探针数量很多，有细菌、病毒、原虫、真菌、动物和人类细胞 DNA 探针。这类探针多为某一基因的全部或部分序列，或某一非编码序列。这些 DNA 片段是特异的，如细菌的毒力因子基因探针和人类

Alu 探针。这些 DNA 探针的获得有赖于分子克隆技术的发展和应用。以细菌为例，目前分子杂交技术用于细菌的分类和菌种鉴定比之 G + C 百分比值要准确得多，是细菌分类学的一个发展方向。加之分子杂交技术的高敏感性，分子杂交在临床微生物诊断上具有广阔的前景。细菌的基因组大小约 5×10^6 个碱基对，约含 3000 个基因。各种细菌之间绝大部分 DNA 是相同的，要获得某细菌特异的核酸探针，通常要采取建立细菌基因组 DNA 数据库的办法，即将细菌 DNA 切成小片段后分别克隆得到包含基因组全信息的克隆库。然后用多种其他菌种的 DNA 作探针来筛选，产生杂交信号的克隆基因被剔除，最后剩下的不与任何其他细菌杂交的克隆基因则可能含有该细菌特异性 DNA 片段。将此重组质粒标记后作探针进一步鉴定，亦可经 DNA 序列分析鉴定其基因来源和功能。因此要得到一种特异性 DNA 探针，常常是比较繁琐的。探针DNA 克隆的筛选也可采用血清学方法，所不同的是所建 DNA 数据库为可表达性，克隆菌落或噬斑经裂解后释放出表达抗原，然后用来源细菌的多克隆抗血清筛选阳性克隆，所得到多个阳性克隆再经其他细菌的抗血清筛选，最后只与本细菌抗血清反应的表达克隆即含有此细菌的特异性基因片段，它所编码的蛋白是该菌种所特有的。用这种表达文库筛选得到的显然只是特定基因探针。

对于基因探针的克隆尚有更快捷的途径。这也是许多重要蛋白质的编码基因的克隆方法。该方法的第一步是分离纯化蛋白质，然后测定该蛋白的氨基或羟基末端的部分氨基酸序列，然后根据这一序列合成一套寡核苷酸探针。用此探针在 DNA 数据库中筛选，阳性克隆即是目标蛋白的编码基因。值得一提的是真核细胞和原核细胞 DNA 组织有所不同。真核基因中含有非编码的内含子序列，而原核则没有。因此，真核基因组 DNA 探针用于检测基因表达时杂交效率要明显低于 cDNA 探针。DNA 探针（包括 cDNA 探针）的主要优点有下面三点：①这类探针多克隆在质粒载体中，可以无限繁殖，取之不尽，制备方法简便。②DNA 探针不易降解（相对 RNA 而言），一般能有效抑制DNA 酶活性。③DNA 探针的标记方法较成熟，有多种方法可供选择，如缺口平移、随机引物法、PCR 标记法等，能用于同位素和非同位素标记。

DNA 探针可以用来诊断寄生虫病、现场调查及虫种鉴定，可用于病毒性肝炎的诊断、遗传性疾病的诊断，可用于检测饮用水病毒的含量。具体方法：

用一个特定的 DNA 片段制成探针，与被测的病毒 DNA 杂交，从而把病毒检测出来。与传统方法相比具有快速、灵敏的特点。传统的检测一次，需几天或几个星期的时间，精确度不高，而用 DNA 探针只需 1 天。据报道，DNA 探针能从 1 吨水中检测出 10 个病毒来，精确度大大提高。

◎ RNA 探针

RNA 探针是一类很有前途的核酸探针，由于 RNA 是单链分子，所以它与靶序列的杂交反应效率极高。早期采用的 RNA 探针是细胞 mRNA 探针和病毒 RNA 探针，这些 RNA 探针是在细胞基因转录或病毒复制过程中得到标记的，标记效率往往不高且受到多种因素的制约。这类 RNA 探针主要用于研究目的，而不是用于检测。例如，在筛选逆转录病毒人类免疫缺陷病毒（HIV）的基因组 DNA 克隆时，因无 DNA 探针可利用，就利用 HIV 的全套标记mRNA作为探针，成功地筛选到多株 HIV 基因组 DNA 克隆。又如进行转录分析时，在体外将细胞核分离出来，然后在 $\alpha - ^{32}P - ATP$ 的存在下进行转录，所合成 mRNA 均掺入同位素而得到标记，此混合 mRNA 与固定于硝酸纤维素滤膜上的某一特定的基因进行杂交，便可反映出该基因的转录状态，这是一种反向探针实验技术。

知识小链接

硝酸纤维素

硝酸纤维素，俗称硝化纤维素，为纤维素与硝酸酯化反应的产物。以棉纤维为原料的硝酸纤维素称为硝化棉。硝酸纤维素是一种白色纤维状聚合物，耐水、耐稀酸、耐弱碱和各种油类。聚合度不同，其强度亦不同，但都是热塑性物质。在阳光下易变色，且极易燃烧。

近几年体外转录技术不断完善，已相继建立了单向和双向体外转录系统。该系统主要基于一类新型载体 pSP 和 pGEM，这类载体在多克隆位点两侧分别带有 SP6 启动子和 T7 启动子，在 SP6RNA 聚合酶或 T7RNA 聚合酶作用下可以进行 RNA 转录，如果在多克隆位点接头中插入了外源 DNA 片段，则可以此 DNA 两条链中的一条为模板转录生成 RNA。这种体外转录反应效率很高，在 1 小时内可合成近 10 微克的 RNA，只要在底物中加入适量的放射性或生物素标记的三磷酸核糖核苷，则所合成的 RNA 可得到高效标记。该方法能有效地控制探针的长度并可提高标记物的利用率。

值得一提的是，通过改变外源基因的插入方向或选用不同的 RNA 聚合酶，可以控制 RNA 的转录方向，即以哪条 DNA 链为模板转录 RNA。这样可以得到同义 RNA 探针（与 mRNA 同序列）和反义 RNA 探针（与 mRNA 互补），反义 RNA 又称 cRNA，除可用于反义核酸研究外，还可用于检测 mRNA 的表达水平。在这种情况下，因为探针和靶序列均为单链，所以杂交的效率要比 DNA－DNA 杂交高几个数量级。RNA 探针除可用于检测 DNA 和 mRNA 外，还有一个重要用途：在研究基因表达时，常常需要观察该基因的转录状况。在原核表达系统中外源基因不仅进行正向转录，有时还存在反向转录（即生成反义 RNA），这种现象往往是外源基因表达不高的重要原因。另外，在真核系统，某些基因也存在反向转录，产生反义 RNA，参与自身表达的调控。在这些情况下，要准确测定正向和反向转录水平就不能用双链 DNA 探针，而只能用 RNA 探针或单链 DNA 探针。

▶ 认识 RNA

RNA 是由至少几十个核糖核苷酸通过磷酸二酯键连接而成的一类核酸，它因含核糖而得名。RNA 普遍存在于动物、植物、微生物及某些病毒和噬菌体内。RNA 和蛋白质生物合成有密切的关系。在 RNA 病毒和噬菌体内，RNA 是遗传信息的载体。RNA 一般是单链线形分子，也有双链的如呼肠孤病毒 RNA，环状单链的如类病毒 RNA，1983 年还发现了有支链的 RNA 分子。

1965 年 R. W. 霍利等测定了第 1 个核酸——酵母丙氨酸转移核糖核酸的一级结构即核苷酸的排列顺序。此后，RNA 一级结构的测定有了迅速的发展。到 1983 年，不同来源和接受不同氨基酸的 tRNA 已经弄清楚一级结构的超过 280 种，5SRNA 有 175 种，5.8S RNA 也有几十种及许多 16S rRNA、18S rRNA、23S rRNA 和 26S rRNA。在 mRNA 中，如哺乳类珠蛋白 mRNA、鸡卵清蛋白

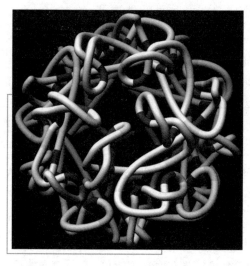

RNA 结构

mRNA 和许多蛋白质激素和酶的 mRNA 等也弄清楚了。此外还测定了一些小分子 RNA 如 snRNA 和病毒感染后产生的 RNA 的核苷酸排列顺序。类病毒 RNA 也有 5 种，已知其一级结构，都是环状单链。烟草花叶病毒 RNA、小儿麻痹症病毒 RNA 是已知结构中比较大的 RNA。

除一级结构外，RNA 分子中还有以氢键联接碱基（A 对 U，G 对 C）形成的二级结构。RNA 的三级结构，其中研究得最清楚的是 tRNA，1974 年用 X 射线衍射研究酵母苯丙氨酸 tRNA 的晶体，已确定它的立体结构呈倒 L 形。

RNA 一级结构的测定常利用一些具有碱基专一性的工具酶，将 RNA 降解成寡核苷酸，然后根据两种（或更多）不同工具酶交叉分解的结果，测出重叠部分来决定 RNA 的一级结构。

牛胰核糖核酸酶是一个内切核酸酶，专一地切在嘧啶核苷酸的 3′－磷酸和其相邻核苷酸的 5′－羟基之间，所以用它来分解 AGUCGGUAG 核苷酸，得到 AGU、C、GGU 和 AG，4 个产物。而核糖核酸酶 T1 是一个专一地切在鸟苷酸的 3′－磷酸和其相邻核

光谱法

光谱法是基于物质与辐射能作用时，测量由物质内部发生量子能级跃迁而产生的发射、吸收或散射辐射的波长和强度进行分析的方法。光谱法可分为原子光谱法和分子光谱法。原子光谱法是由原子外层或内层电子能级的变化产生的，它的表现形式为线光谱。分子光谱法是由分子中电子能级、振动和转动能级的变化产生的，表现形式为带光谱。

苷酸的 5′－羟基之间的内切核酸酶，它作用于上述核苷酸，则得到 AG、UCG、G 和 UAG，4 个产物。根据产物的性质，就可以排列出嘧啶核苷酸的一级结构。

除上述两种核糖核酸酶外，还有黑粉菌核糖核酸酶（RNase U2），专一地切在腺苷酸和鸟苷酸处，和高峰淀粉酶核糖核酸酶 T1 联合使用，可以测定腺苷酸在 RNA 中的位置。多头绒孢菌核糖核酸酶（RNase Phy）除了 CpN 以外的二核苷酸都能较快地水解，因此和牛胰核糖核酸酶合用可以区别 Cp 和 Up 在 RNA 中的位置。

20 世纪 40 年代，人们从细胞化学和紫外光细胞光谱法观察到凡是 RNA 含量丰富的组织中蛋白质的含量也较多，就推测 RNA 和蛋白质生物合成有关。RNA 参与蛋白质生物合成过程的有三类：转运核糖核酸（tRNA）、信使核糖核酸（mRNA）和核糖体核糖核酸（rRNA）。

➡️ 核酸的结构

核酸是在科学家们研究细胞核时被发现的，也就是说，核酸最初是从细胞核里提取出来的一种酸性物质，所以称之为核酸。核酸有两大类：一种是脱氧核糖核酸，简称 DNA；一种是核糖核酸，简称 RNA。我们通常意义下的核酸，就是指 DNA，它在细胞里含量极少，如果要提取出它，比沙里淘金还难。一个鸡蛋里 DNA 的含量占鸡蛋总量的 20 万分之一，换句话说，20 万个鸡蛋里的 DNA 的重量，只相当于 1 个鸡蛋，实在太少了。

在低等细胞，如支原体和细菌中，DNA 不和其他分子结合而独立活动。但在动植物、真菌、酵母及高等藻类中，DNA 大部分存在于细胞核内的染色体上，它与蛋白质结合成核蛋白。核酸（DNA）是由成千甚至上百万个核苷酸组成。那么，我们可以打个不太恰当的比方：染色体像一座由许多房间组成的大楼，基因

广角镜

藻类的生物学特性

一些藻类与其他真核生物一样有细胞核，有具膜的液泡和细胞器（如线粒体），大多数藻类于生活过程中需要氧气，用各种叶绿体分子（如叶绿素、类胡萝卜素、藻胆蛋白等）进行光合作用。地球上的光合作用 90% 由藻类进行，据推测在地球早期的历史上藻类在创造富氧环境中发挥重要作用。

就像一个一个的房间，而核苷酸就像一块一块的砖。

现在，让我们来考察一下染色体这座大楼，考察一下每个房间的建筑材料的砖块——核苷酸。取下一块砖来粉碎，我们看到，这块砖是由磷酸、戊糖、有机碱3种不同原料构成的。它们三者是怎样组成核苷酸的呢？有机碱是一种含氮的环状分子，它和戊糖结合成碱基，又称核苷，核苷再与磷酸结合，就成了核苷酸了，这样造楼的一块砖就做好了。核苷酸的性质是由碱基决定的，组成DNA的碱基共有4种：腺嘌呤（A）、胸腺嘧啶（T）、胞嘧啶（C）、鸟嘌呤（G）。

最后，我们再来看看核苷酸是怎样砌"墙"以及"墙"的形状是怎么样的？我们已知道，这个"墙"即是核酸DNA。科学家告诉我们，DNA的分子结构呈双螺旋结构，DNA分子有两条核苷酸链，每条链由一个接一个的核苷酸组成，连接得非常稳，两条链并排盘绕成双螺旋，像一个拧成麻花状的梯子。磷酸和糖构成了梯子两边的骨干，碱基双双相对地排列着，形成了梯子骨干间的横干。

不过，你不能用它来上楼，因为它太窄了，这架梯子宽20埃，1埃是1/10纳米。实验证明，嘌呤分子和嘧啶分子大小是不一样的，嘌呤大，嘧啶小。如果两个嘌呤分子相连，超过20埃，梯子不够宽；如果两个嘧啶分子相连，则达不到梯子的宽度。因此，一个嘌呤与一个嘧啶相连，构成了梯子间的横干。另外，虽然不同生物的核苷酸成分不同，但每种生物的DNA中，C的含量一定与G相同，A的含量一定与T相等，这样C与G、A与T相互配对时，才不致有谁多了而遭冷落。由于碱基实行这种互补配对，我们就可以在知道了一条链上的碱基序列后，而推知另一条链上的碱基序列。如一条链上碱基序列是AGACTG，那另一条链上的碱基序列必定是TCTGAC。碱基配对，这就是建造染色体这座大楼时采用的砌砖方法。

▶ DNA 的复制过程

DNA复制的最主要特点是半保留复制、半不连续复制。在复制过程中，原来双螺旋的两条链并没有被破坏，它们分成单独的链，每一条旧链作为模板再合成一条新链，这样在新合成的两个双螺旋分子中，一条链是旧的而另外一条链是新的，因此这种复制方式被称为半保留复制。

DNA 双螺旋的两条链是反向平行的：一条是 5′→3′ 方向；另一条是 3′→5′ 方向。在复制起点处，两条链解开形成复制泡，DNA 向两侧复制形成两个复制叉。随着 DNA 双螺旋的不断解旋，两条链变成单链形式，可以作为模板合成新的互补链。但是，生物细胞内所有的 DNA 聚合酶都只能催化 5′→3′ 延伸。因此，以 3′→5′ 的链为模板链时，DNA 聚合酶可以沿 5′→3′ 的方向合成互补的新链，这条链称为前导链。当以另一条链为模板时则不能连续合成新链，被称为滞后链。这时，DNA 聚合酶从

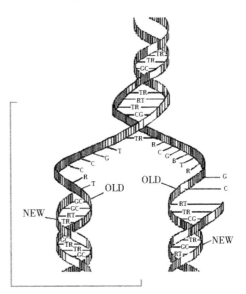

DNA 复制

复制叉的位置开始向远离复制叉的方向合成一小段新链片段，待复制叉向前移动相应的距离后，又重复这一过程，合成另一个类似大小的新链片段，这些片段被称为冈崎片段。最后，由一种 DNA 聚合酶和 DNA 连接酶负责把这些冈崎片段之间的 RNA 引物除去，并把缺口补平，使冈崎片段连成完整的 DNA 链。这种前导链的连续复制和滞后链的不连续复制在生物细胞中是普遍存在的，称为 DNA 合成的半不连续复制。

◎ 参与 DNA 复制的物质

DNA 的复制是一个复杂的过程，需要 DNA 模板、合成原料——三磷酸核苷酸、酶和蛋白质等多种物质的参与。

解旋酶：DNA 复制涉及的第一个问题就是 DNA 两条链要在复制叉位置解开。DNA 双螺旋并不会自动解旋，细胞中有一类特殊的蛋白质可以促使 DNA 在复制叉处打开，这就是解旋酶。解旋酶可以和单链 DNA 以及 ATP 结合，利用 ATP 分解生成 ADP 时产生的能量沿 DNA 链向前运动促使 DNA 双

链打开。

单链 DNA 结合蛋白：解旋酶沿复制叉方向向前推进产生了一段单链区，但是这种单链 DNA 极不稳定，很快就会重新配对形成双链 DNA 或被核酸酶降解。在细胞内有大量单链 DNA 结合蛋白（single strand DNA binding protein，SSB），能很快地和单链 DNA 结合，防止其重新配对或降解。SSB 结合到单链 DNA 上之后，使 DNA 呈伸展状态，有利于复制的进行。当新 DNA 链合成到某一位置时，该处的 SSB 便会脱落，可以重复利用。

DNA 拓扑异构酶：DNA 在细胞内往往以超螺旋状态存在，DNA 拓扑异构酶催化同一 DNA 分子不同超螺旋状态之间的转变。DNA 拓扑异构酶有两类。DNA 拓扑异构酶 I 的作用是暂时切断一条 DNA 链，形成酶—DNA 共价中间物，使超螺旋 DNA 松弛，再将切断的单链 DNA 连接起来，不需要任何辅助因子，如大肠杆菌的 ε 蛋白。DNA 拓扑异构酶 II 能将负超螺旋引入 DNA 分子，该酶能暂时性地切断和重新连接双链 DNA，同时需要 ATP 水解提供能量，如大肠杆菌中的 DNA 旋转酶。

引物酶：引物酶在复制起点处合成 RNA 引物，引发 DNA 的复制。它与 RNA 聚合酶的区别在于可以催化核糖核苷酸和脱氧核糖核苷酸的聚合，而 RNA 聚合酶只能催化核糖核苷酸的聚合，其功能是启动 DNA 转录合成 RNA，将遗传信息由 DNA 传递到 RNA。

DNA 聚合酶：DNA 聚合酶最早是在大肠杆菌中发现的，以后陆续在其他原核生物中找到。它们的共同性质是：以 dNTP 为前体催化 DNA 合成；需要模板和引物的存在；不能起始合成新的 DNA 链；催化 dNTP 加到生长中的 DNA 链的 3′－OH 末端；催化 DNA 合成的方向是 5′→3′。

DNA 连接酶：DNA 连接酶是 1967 年在三个实验室同时发现的。它是一种封闭 DNA 链上的缺口的酶，借助 ATP 或 NAD 水解提供的能量催化 DNA 链的 5′-磷酸基团的末端与另一 DNA 链的 3′－OH 生成磷酸二酯键。只有两条紧邻的 DNA 链才能被 DNA 连接酶催化连接。

◎ DNA 复制的引发

所有 DNA 的复制都是从固定起始点开始的，而目前已知的 DNA 聚合酶都只能延长已存在的 DNA 链，而不能从头合成 DNA 链，那么一个新 DNA 的复制是怎样开始的呢？研究发现，DNA 复制时，往往先由 RNA 聚合酶在 DNA 模板上合成一段 RNA 引物，再由 DNA 聚合酶从 RNA 引物 3′端开始合成新的 DNA 链。对于前导链来说，这一引发过程比较简单，只要有一段 RNA 引物，DNA 聚合酶就能以此为起点一直合成下去。但对于滞后链来说，引发过程就十分复杂，需要多种蛋白质和酶的协同作用，还牵涉到冈崎片段的形成和连接。

基本小知识

冈崎片段

在 DNA 不连续复制过程中，沿着滞后链的模板链合成的新 DNA 片段，这些新生 DNA 片段称冈崎片段，其长度在真核与原核生物当中存在差别，真核生物的冈崎片段长度约为 100～200 核苷酸残基，而原核生物的为 1000～2000 核苷酸残基。

滞后链的引发过程通常由引发体来完成。引发体由 6 种蛋白质共同组成，只有当引发前体与引物酶组装成引发体后才能发挥其功效。引发体可以在滞后链分叉的方向上移动，并在模板上断断续续地引发生成滞后链的引物 RNA。由于引发体在滞后链模板上的移动方向与其合成引物的方向相反，所以在滞后链上所合成的 RNA 引物非常短，长度一般只有 3～5 个核苷酸。

在同一种生物体细胞中这些引物都具有相似的序列，表明引物酶要在 DNA 滞后链模板上比较特定的位置上才能合成 RNA 引物。DNA 复制开始处的几个核苷酸最容易出现差错，用 RNA 引物即使出现差错最后也要被 DNA 聚合酶 I 切除，以提高 DNA 复制的准确性。

RNA 引物形成后，由 DNA 聚合酶 III 催化将第一个脱氧核苷酸按碱基互补配对原则加在 RNA 引物 3′－OH 端而进入 DNA 链的延伸阶段。

◎DNA 链的延伸

DNA 新链的延伸由 DNA 聚合酶 III 所催化。为了复制的不断进行，DNA 解旋酶须沿着模板前进，边移动边解开双链。由于 DNA 的解链，在 DNA 双链区势必产生正超螺旋，在环状 DNA 中更为明显，当达到一定程度后就可能造成复制叉难以再继续前进，但在细胞内 DNA 的复制不会因出现拓扑学问题而停止，因为拓扑异构酶会解决这一问题。

随着引发体合成 RNA 引物，DNA 聚合酶Ⅲ全酶开始不断将引物延伸，合成 DNA。DNA 聚合酶Ⅲ全酶是一个多亚基复合二聚体，一个单体用于前导链的合成，另一个用于滞后链的合成，因此它可以在同一时间分别复制 DNA 前导链和滞后链。虽然 DNA 前导链和滞后链复制的方向不同，但如果滞后链模板环绕 DNA 聚合酶Ⅲ全酶，并通过 DNA 聚合酶Ⅲ，然后再折向未解链的双链 DNA 的方向上，则滞后链的合成可以和前导链合成在同一方向上进行。

当 DNA 聚合酶Ⅲ沿着滞后链模板移动时，由特异的引物酶催化合成的 RNA 引物即可以由 DNA 聚合酶Ⅲ所延伸，合成 DNA。当合成的 DNA 链到达前一次合成的冈崎片段的位置时，滞后链模板及刚合成的冈崎片段从 DNA 聚合酶Ⅲ上释放出来。由于复制叉继续向前运动，便产生了又一段单链的滞后链模板，它重新环绕 DNA 聚合酶Ⅲ全酶，通过 DNA 聚合酶Ⅲ开始合成新的滞后链冈崎片段。通过这种机制，前导链的合成不会超过滞后链太多，这样引发体在 DNA 链上和 DNA 聚合酶Ⅲ以同一速度移动。在复制叉附近，形成了以 DNA 聚合酶Ⅲ全酶二聚体、引发体和解旋酶构成的类似核糖体大小的以物理方式结合成的复合体，称为 DNA 复制体。复制体在 DNA 前导链模板和滞后链模板上移动时便合成了连续的 DNA 前导链以及由许多冈崎片段组成的滞后链。当冈崎片段形成后，DNA 聚合酶Ⅰ通过其 5′→3′外切酶活性切除冈崎片段上的 RNA 引物，并利用后一个冈崎片段作为引物由 5′→3′合成 DNA 填补缺口。最后由 DNA 连接酶将冈崎片段连接起来，形成完整的 DNA 滞后链。

破译细菌的基因密码

◎ 细菌的基因结构

科学家们利用计算机辅助生物学技术，做了一次精彩的表演，他们破译了一种名叫幽门螺旋菌的全部基因结构。这种细菌容易导致胃溃疡或其他胃病。有趣的是，科学家们还意外发现它有许多狡猾的自我保护策略。

幽门螺旋菌这种细菌是导致胃病的罪魁祸首之一，而如今科学家们利用计算机这种新手段大大推动了对它的破译进程。世界上通常有一半人身上都生长着这种微生物，只是它们并不导致人们生病。据研究发现，美国有近 30% 的成年人和逾半数的超过 65 岁的老人体内存在幽门螺旋菌；在低收入的社会群体中则更为普遍。

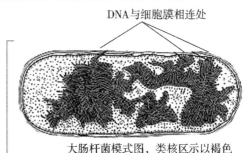

DNA与细胞膜相连处

大肠杆菌模式图，类核区示以褐色

细菌的基因结构

弗朗西斯·图伯和由丁·克莱格·文特尔领导的位于马里兰州罗克维尔市的基因组研究所都为解开幽门螺旋菌基因组之谜作出了重大贡献。已破译的遗传基因组编码为研究者们提供了宝贵的参考资料。科学家们现在完全知道该细菌的组织器官都能做些什么和怎么做了，简直就像通晓敌人作战部署的大将军一样。这将大大有助于了解幽门螺旋菌的各种变异形式，了解由此导致的疾病，并研制出相应的治疗药品及疫苗。范德比尔特大学传染系主任马丁·布拉瑟博士对此评价说："我认为这项成果意义非凡，它将在许多领域促进研究的进步。"

早在 1983 年以前，就有人提出幽门螺旋菌是胃溃疡病的诱因，时至今日，人们已认识到，它的确是导致 90% 此类疾病的诱因。可是 1983 年以后的 10 年间，常规的治疗思想始终认为，由紧张引发的胃酸过多是形成胃溃疡的病因，于是人们自然地采取了中和胃酸的方式来治疗此病，并生产出了相应的药物。

传统的观念是被名叫巴利·马歇尔和罗伯特·华伦的两位澳大利亚医生推翻的。他们采取了基于一种抗生素的治疗方法。然而美中不足的是，抗生素售价很高，特别是在胃溃疡频繁发生的发展中国家，人们不得不以更多样、更有效的治疗方法去满足不断增长的需要。

破译细菌的基因组编码尚是一种新的技术成果，还不能马上成为常规的技术方法。生物学家们期望，当已破译基因组中的关键物质可以利用之后，关于细菌自我防护和进化的细节就会更多地显露出来。

研究成果表明，他们研究的幽门螺旋菌共有 1 667 867 个 DNA 单位，这些显现指定遗传密码的化学物质外部排列着单环状染色体；沿着螺旋形 DNA 排列的就是 1590 个遗传基因的编码序列。由图伯博士带领的研究小组通过搜索电脑数据库已经发现了许多这样的遗传基因的功能。这种电脑数据库记录了其他有机体中已知功能基因的 DNA 排序。通过比较幽门螺旋菌遗传基因与记录在案的其他已知遗传基因，图伯博士猜测到了前者的许多功能，也了解到了前者操纵整个细菌予以实施的自我防护策略。

这种基于电脑的研究方式，包括了从遗传基因到组织机能方面的内容，与微生物学家传统的研究策略截然相反，它已经深入到研究微生物的特性及其遗传基因。由于运用了已知一切手段，这种计算机辅助方式大大促进了研究进程。

幽门螺旋菌是一种非常奇特的微生物，在胃这样的酸性恶劣环境中也能迅速繁殖。为避免被液体冲走，它需要钻入胃壁并粘在细胞上。此外，它还必须防御来自免疫系统的不断攻击。图伯博士的研究小组发现了发挥这些功能的基因。有一组基因负责制造在细菌细胞壁内的蛋白质并排斥出酸物质；另外一组基因吸入铁元素，铁元素在胃中极度缺乏但又是该细菌的重要组成部分。有些基因形成有力的尾巴推进自己，一个很大的基因群分泌类似胶质一样的蛋白质以便使细菌粘在胃的细胞壁上，此外一些基因还负责模拟特定的人类蛋白质。幽门螺旋菌拥有一套机灵的基因机制，使细菌能持续变换它的防护衣的组织结构，以便始终领先于人类免疫系统对它的攻击。

幽门螺旋菌在不同人身上有不同的作为。道格拉斯·E·伯格博士是在圣路易斯华盛顿大学研究幽门螺旋菌分子遗传的研究人员，他认为大多数人有这种细菌几年至数十年，大约有 20% 的人继续发展成诸如溃疡等胃病。

"幽门螺旋菌有大量的变种，也许这能说明为什么有些人被染上而有些人没有"，伯格博士说，"已有一个完整的基因组排序证明了这一不同。"

幽门螺旋菌也许已经入侵人类数百万年之久，就是说从人类祖先开始。范德比尔特博士表示，现代生活习惯已干扰了人类长时间以来对该细菌的适应方式，因而导致胃病、溃疡甚至有可能导致胃癌。范德比尔特博士补充说："我想我们对幽门螺旋菌本身以及它们与人类的关系的理解仅仅是个开始。"

他还强调说："幽门螺旋菌实际上处在病原体抑或是肠胃友好寄居者之间，是一个处于交界处并非常有趣的有机体，可以设想，"他说，"由于现代卫生学的发展，人们可能比以往更晚地遭到细菌入侵，但结果却会因缺乏抵抗力而更易形成疾病，也许基因组研究能帮助我们有效地检查它的存在或帮助我们提出更多的防范设想。"

🔖 横空出世的人类基因图谱

人类基因图谱的完成是医学上一场革命的开始，但这场革命的成功将需要更长的时间。中国科学家承担了这个工程1%的工作量。人类基因图谱的绘制完成，给即将广泛推行的全新基因医疗手段打下坚实的基础，它使人类向真正的"个性化医疗"时代又迈进一步。今后，遗传疾病或是疑难杂症，只要根据患者个人的基因图谱"逮住"其中出了问题的基因，用最直接的办法使基因恢复正常状态，人体就会作出相应调整，从而治愈疾病。人类大约有3万个基因，比科研人员原本预料的少了许多。通过了解人类基因的遗传成分，科研人员就可为个人量身制作预防性疗法并且制造各种新药物，父母也可以检查腹中胎儿是否有遗传缺陷。而有朝一日，像糖尿病、癌症、早老性痴呆症、精神病等过去无法根治的病症，也能根治了。

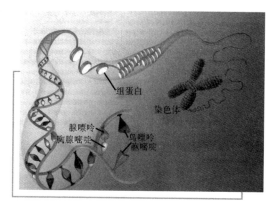

人类基因组图谱

不过，复杂而多变的人类基因图谱，是不可能被一眼看透或是迅速被解读的。因此，人类基因图谱面世后，世界各地的科学家都竞相钻研由一对等位基因所传递的遗传信息，以决定基因的独特特征，看看谁能最先掌握基因的功能和秘密，以尽早研制新药物。

人类的基因决定了人的生老病死，它存在于人体每一个细胞内的脱氧核糖核酸分子即 DNA 分子。DNA 分子在细胞核内的染色体上，由两条相互盘绕的链组成，每一条链都是由单一成分首位相接纵向排列而成，这种单一成分被称为碱基（因为这些化合物溶于水中能形成碱性溶液）。碱基有 4 种，分别简写为 A、T、G、C。它们排列组合构成了基因。

人类基因组计划的目的首先是把人类 23 对染色体上的碱基排列顺序一一测试出来，以供科学家进一步研究。所谓基因图谱就是 31 亿个"字母"——A、T、G、C 的排列组合。

美国普林斯顿大学教授钱卓在北京接受记者采访时说："基因图谱的完成就好像编撰了一本大字典，以供科学家研究基因时参考，但要想读懂这本大字典将需要科学家们更长时间的研究。所谓读懂，一是哪一段 A、T、G、C 的排列组合表示一个基因（有些排列不表示任何基因），二是这个基因决定了人类的什么行为。"

如果确定了这些，人类将可能通过药物改变自身的基因来治疗各种与遗传相关的疾病。钱卓教授通过改变老鼠体内一个基因的含量，成功地使一群老鼠的学习能力明显高于同类。但钱卓估计，要达到这一步，仅仅一个基因就要花至少 10 年的时间，而人类的基因有数十万之多。

北京华大基因研究中心的张猛博士说："虽然在 5 月初我国科学家就宣布完成了 1% 的基因草图任务，但这一段时间他们仍在不停地测试，以进一步提高精确度。测出的序列通过电脑在 24 小时之内就到达了国际人类基因组计划的公共数据库里。"

我国科学家参与的是由美国国家卫生研究所的一个机构 10 年前发起的国际公共计划，这一计划最终由美国、英国、日本、加拿大、瑞典和中国的科学家参与完成。而美国一家名为塞莱拉的私营公司从 1998 年开始开展了同样的研究，并与公共计划展开了竞争。

人类基因组工程有"生命登月计划"之称，它的内容是破译人类分布在细胞核中的 23 对染色体上的 6 万 ~ 10 万个基因，约 30 亿个碱基。为打开这个人类生老病死的"黑匣子"，1990 年，人类基因组工程正式启动。我国科学家在 2006 年 9 月承担了其中 1% 的测序任务。仅用半年时间，就完成破译任务，为国际人类基因组研究作出了自己的贡献。

中国人类基因组张猛博士介绍，启动人类基因组工程最初源于人类肿瘤计划的失败。20 世纪 80 年代，美国科学家试图用传统医学方法解开肿瘤之谜。但后来发现，肿瘤的形成都与基因有关。现代医学研究表明，人体一般性病毒疾病可用传统医学治疗。但对于 5000 余种遗传病还有赖于基因治疗。其中包括遗传性的肿瘤、糖尿病、贫血等。

人类基因组计划第一步的基因草图绘制后，接下来的任务是

你知道吗

贫血

贫血是指人体外周血中红细胞容积减少，低于正常范围下限的一种常见的临床症状。由于红细胞容积测定较复杂，临床上常用血红蛋白浓度来代替。造成贫血的原因有多种：缺铁、出血、溶血、造血功能障碍等。一般要补充富于营养、高热量、高蛋白、多维生素、含丰富无机盐的水果或饮食，以助于恢复造血功能。

寻找各种基因的精确位置，估计精确图将在 2003 年完成，而研究出各基因功能则需要大约 100 年。

▶ DNA 双螺旋结构的发现

DNA 双螺旋：一种核酸的构象。在该构象中，两条反向平行的多核甘酸链相互缠绕形成一个右手的双螺旋结构。碱基位于双螺旋内侧，磷酸与糖基在外侧，通过磷酸二脂键相连，形成核酸的骨架。碱基平面与假想的中心轴垂直，糖环平面则与轴平行，两条链皆为右手螺旋。双螺旋的直径为 2 微米，碱基堆积距离为 0.34 微米，两核甘酸之间的夹角是 $36°$，每对螺旋由 10 对碱基组成，碱基按 A－T、G－C 配对互补，彼此以氢键相联系。维持 DNA 双螺旋结构的稳定的力主要是碱基堆积力。双螺旋表面有两条宽窄深浅不一的一个大沟和一个小沟。

大沟和小沟：DNA 双螺旋表面上出现的螺旋槽（沟），宽的沟称为大沟，窄沟称为小沟。大沟、小沟都是由于碱基对堆积和糖—磷酸骨架扭转造成的。

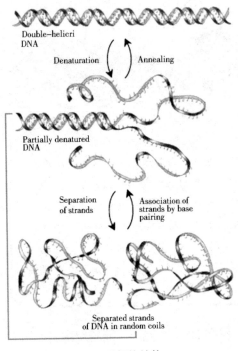

DNA 双螺旋结构

DNA 超螺旋：DNA 本身的卷曲一般是 DNA 双螺旋的弯曲欠旋（负超螺旋）或过旋（正超螺旋）的结果。

1953 年 4 月 25 日，克里克和沃森在英国杂志《自然》上公开了他们的 DNA 模型。经过在剑桥大学深入学习后，两人将 DNA 的结构描述为双螺旋，在双螺旋的两部分之间，由 4 种化学物质组成的碱基对扁平环连结着。他们谦逊地暗示说，遗传物质可能就是通过它来复制的。这一设想的意味是令人震惊的：DNA 恰恰就是传承生命的遗传模板。

1953 年沃森和克里克提出著名的 DNA 双螺旋结构模型，他们构造出一个右手性的双螺旋结构。当碱基排列呈现这种结构时分子能量处于最低状态。沃森后来撰写的《双螺旋：发现 DNA 结构的故事》（科学出版社 1984 年出版过中文译本）中，有多张 DNA 结构图，全部是右手性的。这种双螺旋展示的是 DNA 分子的二级结构。那么在 DNA 的二级结构中是否只有右手性呢？回答是否定的。虽然多数 DNA 分子是右手性的，如 A - DNA、B - DNA（活性最高的构象）和 C - DNA 都是右手性的，但 1979 年 Rich 提出一种局部上具有左手性的 Z - DNA 结构。现在证明，这种左手性的 Z - DNA 结构只是右手性双螺旋结构模型的一种补充和发展。21 世纪是信息时代或者生命信息的时代，仅北京就有多处立起了 DNA 双螺旋的建筑雕塑，其中北京大学后湖北大生命科学院的一个研究所门前立有一个巨大的双螺旋模型。人们容易把它想象为 DNA 模型，其实是不对的，因为雕塑是左旋的，整体具有左手性。就算 Z - DNA 可以有左手性，也只能是局部的。因此，雕塑造型整体为一左手性的双螺旋是不恰当的，至少用它暗示 DNA 的一般结构是错误的。

☞ 生命遗传中心法则及 RNA 的发现

经诺贝尔奖获得者们历时数十年不懈地钻研，世界生命科学界终于在 1968 年建立了分子生物学的"圣经"——中心法则。中心法则确定的基因控制细胞活动的工作原理是：基因是核酸分子中贮存遗传信息的遗传单位，是指贮存 RNA 序列及表达这些信息所必需的全部核苷酸序列；基因是由 DNA 分子产生 RNA 分子的转录过程以及由 RNA 分子指导蛋白质合成的翻译过程来控制细胞活动的。

基因表达是指生物基因组中结构基因所携带的遗传信息经过转录、翻译等一系列过程合成特定的蛋白，进而发挥其特定的生物学功能和反应的全过程。DNA 可以作为模板直接指导 RNA 分子的生物合成，这一过程称为转录。然而 DNA 不能作为直接模板将其携带的遗传信息转移到蛋白质分子中，需要先通过转录过程将遗传信息传递到 RNA 分子中，再通过翻译过程将 RNA 分子上的核苷酸序列信息转变为蛋白质分子中的氨基酸序列。转录和翻译是基因表达过程的两个主要阶段。原核生物细胞没有细胞核，RNA 的转录、翻译和降解偶联进行；真核细胞中，RNA 需要从细胞核转运到细胞质中，转录和翻译两个过程发生在不同的空间。

诺贝尔化学奖和医学奖携手探求证实：RNA 在生命活动中具有承前启后的重要作用，它和蛋白质共同负责基因的表达和表达过程的调控。RNA 通常以单链形式存在，但也有复杂的局部二级结构或三级结构，以完成一些特殊功能。RNA 分子比 DNA 分子小得多，小的仅由数十个核苷酸，大的由数千个核苷酸通过磷酸二酯键连接而成。

20 世纪 50 年代中期，DNA 决定蛋白质合成的作用已经得到了公认。当时要解决的难题是：DNA 主要存在于细胞核，如果作为蛋白质合成的模板，如何解释蛋白质合成是在细胞质中进行的这一事实？如果 RNA 是模板，DNA 的基因作用又如何解释？尽管在 20 世纪 40 年代初期，一部分 RNA 研究者已经发现细胞质内蛋白质的合成速度与 RNA 水平相关，但是直到 1960 年用放射性核素示踪实验证实，一类不同于核蛋白体 RNA（rRNA）的大小不一

RNA 分子才是蛋白质在细胞内合成的模板。后来又确认了这些 RNA 是在核内以 DNA 为模板合成，然后转移至细胞质这一重要事实。

由此很自然得出了结论：DNA 决定蛋白质合成的作用是通过这类特殊的 RNA 实现的。这种作用类似于信使，因此，这类 RNA 被命名为信使 RNA（mRNA）。

生物体以 DNA 为模板合成 RNA 的过程称为转录，意思是把 DNA 的碱基序列转抄成 RNA。DNA 分子上的遗传信息是决定蛋白质氨基酸序列的原始模板，mRNA 是蛋白质合成的直接模板。通过 RNA 的生物合成，遗传信息从染色体的贮存状态转送细胞质，从功能上衔接 DNA 和蛋白质这两种生物大分子。

走近生物克隆

简单讲，在生物学中，克隆就是一种人工诱导的无性繁殖方式。

1997年，第一只克隆动物"多莉"诞生，立即在全世界掀起了克隆研究热潮，随后，有关克隆动物的报道接连不断。公布"多莉"培育成功后近1个月的时间里，美国、中国台湾和澳大利亚科学家分别发表了他们成功克隆猴子、猪和牛的消息。同年7月，人类又克隆出世界上第一头带有人类基因的转基因绵羊"波莉"。这一成果显示了克隆技术在培育转基因动物方面的巨大应用价值。

克隆技术在基础研究中的应用也是很有意义的，它为研究配子和胚胎发生、细胞和组织分化、基因表达调控、核质互作等机理提供了工具。

什么是生物克隆

◎ 克隆的定义和方法

　　克隆，是英语"clone"一词的译音。作名词使用时，表示从一个共同祖先天性繁殖下来的一群遗传上一致的 DNA 分子、细胞或个体所组成的生命群体。作动词使用时，是指这种无性繁殖的过程。

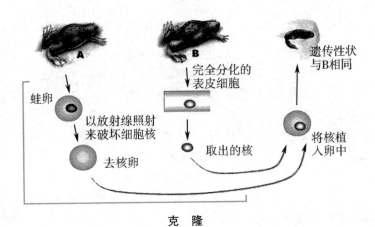

克　隆

　　克隆是指生物体通过体细胞进行的无性繁殖以及由无性繁殖形成的基因型完全相同的后代个体组成的种群。通常是利用生物技术由无性生殖产生与原个体有完全相同基因组织后代的过程。科学家把人工遗传操作动物繁殖的过程叫克隆，这门生物技术叫克隆技术，其本身的含义是无性繁殖，即由同一个祖先细胞分裂繁殖而形成的纯细胞系，该细胞系中每个细胞的基因彼此相同。

　　克隆也可以理解为复制、拷贝，就是从原型中产生出同样的复制品，它的外表及遗传基因与原型完全相同。时至今日，"克隆"的含义已不仅仅是"无性繁殖"，凡是来自同一个祖先，无性繁殖出的一群个体，也叫"克隆"。这种来自同一个祖先的无性繁殖的后代群体也叫"无性繁殖系"，简称无性系。简单讲就是一种人工诱导的无性繁殖方式。但克隆与无性繁殖是不同的。

无性繁殖是指不经过雌雄两性生殖细胞的结合，只由一个生物体产生后代的生殖方式，常见的有孢子生殖、出芽生殖和分裂生殖。由植物的根、茎、叶等经过压条或嫁接等方式产生新个体也叫无性繁殖。绵羊、猴子和牛等动物没有人工操作是不能进行无性繁殖的。克隆羊多莉也是克隆的产物。关于克隆的设想，我国明代的大作家吴承恩已有精彩的描述——孙悟空经常在紧要关头拔一把猴毛变出一大群猴子，这当然是神话，但用今天的科学名词来讲就是孙悟空能迅速地克隆自己。从理论上讲，猴子毛含全部脱氧核糖核酸序列，也就是可以克隆，但是事实上，我们的技术没有先进到这样的地步。

知识小链接

孢子生殖

　孢子生殖，是很多低等植物和真菌等利用孢子进行的生殖方式。孢子是细菌、原生动物、真菌和植物等产生的一种有繁殖或休眠作用的生殖细胞，能直接发育成新个体。植物通过无性生殖产生的孢子叫"无性孢子"，通过有性生殖产生的孢子叫"有性孢子"。

　另外一种克隆方法是提取两个或多个人的基因细胞进行组合形成胚胎，出生后的克隆人将有提供基因的几个人的特征，就像游戏（终极刺客代号47）里面的克隆人47号一样，主角杀手47是一个克隆人，他的基因是由5个人的组合在一起的。

◎基本过程

　克隆的基本过程是：先将含有遗传物质的供体细胞的核移植到去除了细胞核的卵细胞中，利用微电流刺激等使两者融合为一体，然后促使这一新细胞分裂繁殖发育成胚胎，当胚胎发育到一定程度后，再被植入动物子宫中

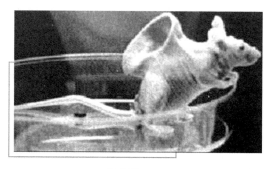

克隆鼠

使动物怀孕，便可产下与提供细胞者基因相同的动物。这一过程中如果对供体细胞进行基因改造，那么无性繁殖的动物后代基因就会发生相同的变化。

克隆技术不需要雌雄交配，不需要精子和卵子的结合，只需从动物身上提取一个单细胞，用人工的方法将其培养成胚胎，再将胚胎植入雌性动物体内，就可孕育出新的个体。这种以单细胞培养出来的克隆动物，具有与单细胞供体完全相同的特征，是单细胞供体的"复制品"。英国英格兰科学家和美国俄勒冈科学家先后培养出了"克隆羊"和"克隆猴"。克隆技术的成功，被人们称为"历史性的事件，科学的创举"。有人甚至认为，克隆技术可以同当年原子弹的问世相提并论。

克隆技术可以用来生产"克隆人"，可以用来"复制"人，因而引起了全世界的广泛关注。对人类来说，克隆技术是悲是喜，是祸是福？唯物辩证法认为，世界上的任何事物都是矛盾的统一体，都是一分为二的。克隆技术也是这样。如果克隆技术被用于"复制"像希特勒之类的战争狂人，那会给人类社会带来什么呢？即使是用于"复制"普通的人，也会带来一系列的伦理道德问题。但如果把克隆技术应用于畜牧业生产，将会使优良

拓展阅读

原子能的用途

原子能又称"核能"，是原子核发生变化时释放的能量。如重核裂变和轻核聚变时所释放的巨大能量。现在人们已经知道，原子能不仅可用来造原子弹，还可以用于发展生产、改善人民生活、减轻人类的痛苦。例如放射性同位素放出的射线在医疗卫生、食品保鲜等方面的应用也是原子能应用的重要方面。

牲畜品种的培育与繁殖发生根本性的变革。若将克隆技术用于基因治疗的研究，就极有可能攻克那些危及人类生命健康的癌症、艾滋病等顽疾。克隆技术犹如原子能技术，是一把双刃剑，剑柄掌握在人类手中。人类应该采取联合行动，避免"克隆人"的出现，使克隆技术造福于人类社会。

👁 浅谈单克隆抗体和多克隆抗体

1975 年，瑞士科学家乔治·克勒和英国科学家凯撒·米尔斯坦，把产生抗体的 B 淋巴细胞与多发性骨髓瘤细胞进行融合，形成杂交瘤细胞。这种细胞兼有两个亲代细胞的特征，既有骨髓瘤细胞无限生长的能力，又有 B 淋巴细胞产生抗体的功能。因此，这种杂交瘤细胞就能在细胞培养中产生大量单一类型的高纯度抗体，这种抗体叫"单克隆抗体"。

把单克隆抗体与抗癌药物或毒素结合起来，就成为威力强大的抗体"导弹"。把这种抗体"导弹"注射到癌症患者的血液中，它就会发挥导弹一样的作用，在患者体内追踪并附着于癌细胞上，然后与抗体结合的抗癌药物或毒素杀伤和破坏癌细胞，而且很少损伤正常组织细胞。这种抗体"导弹"具有高度选择性，对癌细胞有命中率高、杀伤

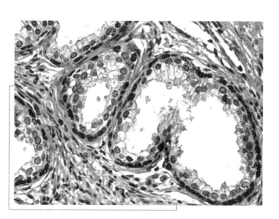

鼠单克隆抗体

力强的优点，没有一般化学药物那样不分好坏细胞格杀勿论的缺点。美国约翰·霍普金斯医院应用抗体"导弹"治疗晚期肝癌病人，收到惊人效果。肝脏肿瘤显著缩小，生存期延长，而且没有副作用。单克隆抗体技术的发明，是免疫学中的一次革命，打破了过去只能在身体内产生抗体的方法，而成功地在体外用细胞培养的方法产生抗体，同时繁殖快，可以产生在体内达不到的高专一性的水平。

抗原上那部分可以引起机体产生抗体的分子结构，叫做抗原决定簇。一个抗原上可以有好几个不同的抗原决定簇，因而使机体产生好几种不同的抗体，最终产生出抗体的是浆细胞。只针对一个抗原决定簇起作用的浆细胞群就是一个纯系，纯系的英文为 Clone，音译就是克隆。由一种克隆产生的特异

性抗体叫做单克隆抗体。单克隆抗体能目标明确地与单一的特异抗原决定簇结合，就像导弹精确地命中目标一样。另一方面，即使是同一个抗原决定簇，在机体内也可以由好几种克隆来产生抗体，形成好几种单克隆抗体混杂物，称为多克隆抗体。

抗原刺激机体，产生免疫学反应，由机体的浆细胞合成并分泌的与抗原有特异性结合能力的一组球蛋白，这就是免疫球蛋白。这种与抗原有特异性结合能力的免疫球蛋白就是抗体。

抗原通常是由多个抗原决定簇组成的，由一种抗原决定簇刺激机体，由一个 B 淋巴细胞接受该抗原所产生的抗体称之为单克隆抗体（Monclone antibody）。由多种抗原决定簇刺激机体，相应地就产生各种各样的单克隆抗体，这些单克隆抗体混杂在一起就是多克隆抗体，机体内所产生的抗体就是多克隆抗体；除了抗原决定簇的多样性以外，相同的一类抗原决定簇，也可刺激机体产生 IgG、IgM、IgA、IgE 和 IgD 等五类抗体。

▶ 细胞如何融合

在自发或人工诱导下，两个不同基因型的细胞或原生质体融合形成一个杂种细胞。基本过程包括细胞融合形成异核体、异核体通过细胞有丝分裂进行核融合、最终形成单核的杂种细胞。有性繁殖时发生的精卵结合是正常的细胞融合，即由两个配子融合形成一个新的二倍体。

自发的动物细胞融合机率很低，1962 年冈田善雄等人发现灭活的仙台病毒有促进细胞融合的作用。这是由于病毒的磷脂外衣与动物细胞的膜十分相似的缘故。病毒外壳上的某些糖蛋白可能还有促进细胞融合的功能。此外，用聚乙二醇作为细胞融合剂，它可引起邻近的细胞膜的粘合，继而使细胞融合成为一个细胞。

细胞融合，即在自然条件下或用人工方法（包括生物的、物理的、化学的方法）使两个或两个以上的细胞合并形成一个细胞的过程。人工诱导的细胞融合，在 20 世纪 60 年代作为一门新兴技术而发展起来。由于它不仅能产生同种细胞融合，也能产生种间细胞的融合，因此细胞融合技术目前被广泛应用于细胞生物学和医学研究的各个领域。

知识小链接

电脉冲

    电脉冲是由电容或者是间歇源产生的非稳态电流场，我们通常用的交流电就可以看成是一种脉冲电流，而其中的一个周期过程就可以看成一个电脉冲。现代的电脉冲技术发展到现在，越来越向高频、高能量峰的趋势发展。在材料检测，生物、医学、核能、军事等领域都有广泛的应用。

    细胞融合的诱导物种类很多，常用的主要诱导物有灭活的仙台病毒、化学法如用聚乙二醇和物理法如电脉冲。目前应用最广泛的是聚乙二醇，因为它易得、简便且融合效果稳定。聚乙二醇的促融机制尚不完全清楚，它可能引起细胞膜中磷脂的酰键及极性基团发生结构重排。动植物细胞融合方法不同，生物法利用灭活仙台病毒是动物细胞融合所特有的。

    自发条件下或人工诱导下，两个不同基因型的细胞或原生质体融合形成一个杂种细胞。基本过程包括细胞融合导致异核体的形成，异核体通过细胞有丝分裂导致核的融合，形成单核的杂种细胞。有性生殖时发生正常的细胞融合，即由两个配子融合成一个合子。

    人、鼠细胞融合实验分三步进行：首先，用荧光染料标记抗体。将小鼠的抗体与发绿色荧光的荧光素结合，人的抗体与发红色荧光的罗丹明结合；第二步是将小鼠细胞和人细胞在灭活的仙台病毒的诱导下进行融合；最后一步将标记的抗体加入到融合的人、鼠细胞中，让这些标记抗体同融合细胞膜上相应的抗原结合。开始，融合的细胞一半是红色，一半是绿色。在37℃下40分钟后，两种颜色的荧光在融合的杂种细胞表面呈均匀分布，这说明抗原蛋白在膜平面内经扩散运动而重新分布。这个过程不需要ATP。如果将对照实验的融合细胞置于低温（1℃）下培育，则抗原蛋白基本停止运动。这一实验结果令人信服地证明了膜整合蛋白的侧向扩散运动。

    通过培养和诱导，两个或多个细胞合并成一个双核或多核细胞的过程称为细胞融合或细胞杂交。

基因型相同的细胞融合成的杂交细胞称为同核体，来自不同基因型的杂交细胞则称为异核体。

同种细胞在培养时两个靠在一起的细胞自发合并，称自发融合；异种间的细胞必须经诱导剂处理才能融合，称诱发融合。

诱导细胞融合的方法有 3 种：生物方法（病毒）、化学方法（聚乙二醇 PEG）、物理方法（电激和激光）。某些病毒如仙台病毒、副流感病毒和新城鸡瘟病毒的被膜中有融合蛋白，可介导病毒同宿主细胞融合，也可介导细胞与细胞的融合，因此可以用紫外线灭活的此类病毒诱导细胞融合。化学和物理方法可造成膜脂分子排列的改变，去掉作用因素之后，质膜恢复原有的有序结构，在恢复过程中便可诱导相接触的细胞发生融合。

广角镜

激光的理论基础

激光的理论基础起源于大物理学家爱因斯坦。1917 年爱因斯坦提出了一套全新的技术理论"受激辐射"。这一理论是说在组成物质的原子中，有不同数量的粒子（电子）分布在不同的能级上，在高能级上的粒子受到某种光子的激发，会从高能级跳到（跃迁）到低能级上，这时将会辐射出与激发它的光相同性质的光，而且在某种状态下，能出现一个弱光激发出一个强光的现象。这就叫做"受激辐射的光放大"，简称激光。

细胞融合不仅可用于基础研究，而且还有重要的应用价值，在植物育种方面已经成功的有萝卜＋甘蓝、粉蓝烟草＋郎氏烟草、番茄＋马铃薯等等。

细胞融合又称细胞杂交，是指两个或两个以上的细胞融合成一个细胞的现象，在多细胞生物中，它是一种基本的发育与生理活动。尽管细胞融合的重要性如此之大，但细胞的融合过程是如何在基因控制下发生和发展的，人们一直没有搞清楚。

细胞膜有内外两层，细胞融合首先发生在外层，然后再到内层，由此就出现了两种融合通道，细胞体内物质通过这两种通道转移。病毒膜与目标细胞融合时，只出现一种融合通道，即导致融合的基因只能在病毒中找到，而在目标细胞中却找不到。但是，通过 EFF－1 发生的细胞融合则是一个双向融合过程，需要 EFF－1 出现在两个相互融合的细胞中。

🔘 胚胎分割移植的研究

  胚胎分割是指采用机械方法将早期胚胎切割成 2 等份、4 等份或 8 等份等，经移植获得同卵双胎或多胎的技术。

  胚胎分割需要的主要仪器设备为实体显微镜和显微操作仪。

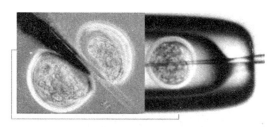

胚胎分割

  进行胚胎分割时，应选择发育良好的桑葚胚或囊胚，用分割针或分割刀进行分割，对囊胚进行分割时，要注意将内细胞团均等分割，否则会影响胚胎的恢复和进一步发育。

  胚胎分割主要用于优良品种的繁殖，以牛为例，有的牛奶多，但繁殖慢。这时，就用促性腺激素促使该良种母牛超数排卵，然后把卵从该母牛体内取出，在试管内与人工采集的精子进行体外受精，培育成胚胎，再把胚胎送入经过同期激素处理、可以接受胚胎、孕期相同的母牛子宫内，孕育出小牛。

  尽管胚胎分割技术已在多种动物中取得成功，但仍存在一些问题。如刚出生的动物体重偏低、毛色和斑纹还存在差异等。实践证明，采用胚胎分割技术产生同卵多胚的可能性是有限的，到目前为止，最常见的是经分割产生的同卵双胎，而同卵多胎成功的比例都很少。

🔘 克隆为什么轰动世界

  "多莉"的诞生，意味着人类可以利用动物的一个组织细胞，像翻录磁带或复印文件一样，大量生产出相同的生命体，这无疑是基因工程研究领域的一大突破。

  人们剪下植物枝条，扦插到土里，不久就会发芽，长出新的植株，这些

克隆羊"多莉"

植株是遗传物质组成完全相同的植株，这就是"克隆"。还有将马铃薯等植物的块茎切成许多小块进行繁殖，由此而长出的后代也是"克隆"。所有这些都是植物的无性繁殖或称为"克隆"，它非常普遍，几乎每个人都曾见过。

在动物界也有无性繁殖，不过多见于非脊椎动物，如原生动物的分裂繁殖、尾索类动物的出芽生殖等。但对于高级动物，在自然条件下，一般只能进行有性繁殖，所以要使其进行无性繁殖，科学家必须经过一系列复杂的操作程序。在 20 世纪 50 年代，科学家成功地无性繁殖出一种两栖动物——非洲爪蟾，揭开了细胞生物学的新篇章。

基本小知识

尾索动物

尾索动物，脊索动物门的一亚门，包括海鞘、柄海鞘等在内的大约 2000 种海生动物，成体大多营固着生活。幼体具有脊索动物 3 大特征，但脊索仅限于尾部。幼体经变态至成体，只保留鳃裂。体外包被特殊的被囊，由近似植物纤维素的被囊素构成，又称被囊动物。

英国和中国等国在 20 世纪 80 年代后期先后利用胚胎细胞作为供体，"克隆"出了哺乳动物。到 20 世纪 90 年代中期，中国已用此种方法"克隆"了老鼠、兔子、山羊、牛、猪 5 种哺乳动物。

英国克隆出的一只基因结构与供体完全相同的小羊"多莉"（Dolly），世界舆论为之哗然。"多莉"的特别之处在于它的生命的诞生没有精子的参与。研究人员先将一个绵羊卵细胞中的遗传物质吸出去，使其变成空壳，然后从一只 6 岁的母羊身上取出一个乳腺细胞，将其中的遗传物质注入卵细胞空壳中，这样就得到了一个含有新的遗传物质但却没有受过精的卵细胞。这一经过改造的卵细胞分裂增殖形成胚胎，再被植入另一只母羊子宫内，随着母羊的成功分娩，"多莉"来到了世界上。

但为什么其他克隆动物并未在世界上产生这样大的影响呢？这是因为其他克隆动物的遗传基因来自胚胎且都是用胚胎细胞进行的核移植，不能严格地说是"无性繁殖"。另一原因，胚胎细胞本身是通过有性繁殖的，其细胞核中的基因组一半来自父本，一半来自母本。而"多莉"的基因组，全都来自单亲，这才是真正的无性繁殖。因此，从严格的意义上说，"多莉"是世界上第一只真正克隆出来的哺乳动物。

广角镜

小白鼠的品种类型

小白鼠经过人们长期选择，定向培育，已形成许多品种类型。一般人们把它分为普通常用小白鼠和满足特殊需要的特种小白鼠两种。特种小白鼠有高癌鼠、低癌鼠、糖尿病鼠及先天性肌肉萎缩病鼠等。有的将小白鼠根据不同杂交方法和获得遗传特性而划分为近交品系、突变品系、远交和杂交群等。各品种小白鼠形态特征略有差异，但基本上相差不多。

1997 年 2 月 23 日，英国苏格兰罗斯林研究所的科学家宣布，他们的研究小组利用山羊的体细胞成功地克隆出的成果是科学发展的结果，它有着极其广泛的应用前景。在园艺业和畜牧业中，克隆技术是选育遗传性质稳定的品种的理想手段，通过它可以培育出优质的果树和良种家畜。在医学领域，目前美国、瑞士等国家已能利用克隆技术培植人体皮肤进行植皮手术。这一新成就避免了异体植皮可能出现的排异反应，给病人带来了福音。据中国新华社 1997 年 4 月 4 日报道，整形外科专家曹谊林在世界上首次采用体外细胞繁殖的方法，成功地在白鼠身上复制出人耳，为人体缺失器官的修复和重建带来希望。克隆技术还可用来大量繁殖许多有价值的基因，如治疗糖尿病的胰岛素、有希望使侏儒症患者重新长高的生长激素和能抗多种疾病感染的干扰素等等。

克隆新成果

克隆羊"多莉"的诞生在全世界掀起了克隆研究热潮，随后，有关克隆动物的报道接连不断。1997年3月，即"多莉"诞生后近1个月的时间里，美国、中国台湾和澳大利亚科学家分别发表了他们成功克隆猴子、猪和牛的消息。不过，他们都是采用胚胎细胞进行克隆，其意义不能与"多莉"相比。同年7月，罗斯林研究所和PPL公司宣布，用基因改造，克隆出世界上第一头带有人类基因的转基因绵羊"波莉"（Polly）。这一成果显示了克隆技术在培育转基因动物方面的巨大应用价值。

◎ 克隆猴子

克隆猴子

1998年7月，美国夏威夷大学宣布，由小鼠卵丘细胞克隆了27只成活小鼠，其中7只是由克隆小鼠再次克隆的后代，这是继"多莉"以后的第二批哺乳动物体细胞核移植后代。此外，研究人员采用了与"多莉"不同的、新的、相对简单的且成功率较高的克隆技术，这一技术以该大学所在地而命名为"檀香山技术"。

此后，美国、法国、荷兰和韩国等国科学家也相继报道了体细胞克隆牛成功的消息；日本科学家的研究热情尤为惊人，1998年7月至1999年4月，东京农业大学、近畿大学、家畜改良事业团、地方（石川县、大分县和鹿儿岛县等）家畜试验场以及民间企业（如日本最大的奶商品公司雪印乳业等）纷纷报道了他们采用牛耳部、臀部肌肉、卵丘细胞以及初乳中提取的乳腺细胞克隆牛的成果。至 1999 年底，全世界已有 6 种类型细胞——胎儿成纤维细胞、乳腺细胞、卵丘细胞、输卵管子宫上皮细胞、肌肉细胞和耳部皮肤细胞的体细胞克隆后代成功诞生。

2000 年 6 月，中国西北农林科技大学利用成年山羊体细胞克隆出两只"克隆羊"，但其中一只因呼吸系统发育不良而早夭。据介绍，所采用的克隆技术为该研究组自己研究所得，与克隆"多莉"的技术完全不同，这表明我国科学家也掌握了体细胞克隆的尖端技术。

在不同种间进行细胞核移植实验也取得了一些可喜成果，1998 年 1 月，美国科学家以牛的卵子为受体成功克隆出猪、牛、羊、鼠和猕猴 5 种哺乳动物的胚胎。这一研究结果表明，某个物种的未受精卵可以同取自多种动物的成熟细胞核相结合。虽然这些胚胎都流产了，但它对异种克隆的可能性做了有益的尝试。1999 年，美国科学家用牛卵子克隆出珍稀动物盘羊的胚

拓展阅读

盘羊

盘羊，俗称大角羊、盘角羊，国家二级保护动物。它们躯体肥壮，体长 150～180 厘米，肩高 50～70 厘米，体重可达 200 千克，体色一般为褐灰色或污灰色。它们主要分布于亚洲中部广阔地区，属近危的珍稀保护动物。

胎；我国科学家也用兔卵子克隆了大熊猫的早期胚胎，这些成果说明克隆技术有可能成为保护和拯救濒危动物的一条新途径。

➡ "多莉"羊的诞生

克隆的新的个体具备双亲的遗传特性。但"多莉"并不是由受精卵发育而成的，而是利用生物技术无性繁殖方式诞生的小羊，它是一只没有爸爸的小羊，所以人们叫它"克隆羊"。

"多莉"生于 1996 年 7 月 5 日，于 1997 年 2 月 23 日被介绍给公众。1998 年产下一只小羊，2003 年 2 月 14 日因肺部感染而实施了安乐死，它也被作为

世界上最尊贵、最重要、最具有代表性的一只羊而载入史册。

"多莉"是由3只母羊的基因克隆的。

1996年7月5日，位于苏格兰爱丁堡市郊的罗斯林研究所里诞生了一头大个头儿羊羔，实验室编号为6LL3，克隆羊项目小组主管伊恩·威尔默特以著名乡村歌手多莉·帕顿的名字命名这头羊。"多莉"日后成为世界最著名的绵羊，而它曾经的编号却鲜为人知。小羊"多莉"浑身洁白，长着细长的弯弯曲曲的羊毛，粉扑扑的鼻子，右耳上系着一个红色小身份牌。7个月大的它尽管已具有成年羊的轮廓，但仍然很顽皮，活泼地在羊圈里蹦来蹦去，从饲养员手中抢东西吃。也许是见了世面的缘故，见到记者向它招手它并不害怕，却从金属栅栏里探出头来好奇地看着。它歪着头，嘴巴略微张开，嘴角向上翘起，仿佛微笑着故意摆出大明星的派头等待记者拍照。培育"多莉"羊的罗斯林研究所副所长格里芬说："小羊'多莉'并不知道自己与众不同的身份，它像其他小羊一样吃草、睡觉和玩耍。几个月前还在生育自己的母亲面前撒欢。尽管目前它已重达45千克，但从年龄上讲它还是只小羊。"

"多莉"首次公开亮相，震动整个世界，美国《科学》杂志把"多莉"的诞生评为当年世界十大科技进步的第一项。

知识小链接

《科学》杂志

《科学》是发表最好的原始研究论文以及综述和分析当前研究和科学政策的同行评议的期刊之一。该杂志于1880年由爱迪生投资1万美元创办，于1894年成为美国最大的科学团体"美国科学促进会"的官方刊物。《科学》杂志属于综合性科学杂志，它的科学新闻报道、综述、分析、书评等部分，都是权威的科普资料，该杂志也适合一般读者阅读。

克隆羊引出的烦恼

细胞核转移技术虽然取得突破，但培育合成卵细胞的失败率极高，即使培育成胚胎，许多都存在缺陷或者降生后早亡。2003 年 2 月，不到 7 岁的"多莉"因肺部感染而被科研人员实施"安乐死"。而普通绵羊通常可存活 11~12 年。

这项研究不仅对胚胎学、发育遗传学、医学有重大意义，而且也有巨大的经济潜力。克隆技术可以用于器官移植，造福人类，也可以通过这项技术改良物种，给畜牧业带来好处。克隆技术若与转基因技术相结合，可大批量"复制"含有可产生药物原料的转基因动物，从而使克隆技术更好地为人类服务。目前，世界第一批无性繁殖的转基因羊也在英国诞生。但我国有关科学家提出应明确禁止克隆技术应用于人类，否则将产生一系列伦理学、法律学等的灾难性问题。

世界各大媒体对"多莉"的去世还是给予了很大关注。2003 年 2 月 15 日出版的美国《华盛顿邮报》《纽约时报》等纷纷以缅怀明星的笔触，追述"多莉"短暂而不平凡的一生。《华盛顿邮报》在报道中指出，作为世界上最尊贵的一只羊，"多莉"刷新了科学界对分子生物学的认识，将会作为一座科学和文化的里程碑载入史册。

作为世界上最尊贵的一只羊，壮年早逝的"多莉"留下诸多难题，它的终年到底是多少岁？克隆动物出现早衰这一问题至今仍有两种实验结果。

世界第一头体细胞克隆动物"多莉"在给我们带来振奋、困惑和争论之后，永远离开了我们。寿命仅 6 岁半的"多莉"壮年早逝，为我们留下了谜团，其中最大的一个谜就是克隆动物是否早衰，有人称之为"多莉"羊难题。

"多莉"羊带来的最大争论就是克隆人问题。人类等高等动物的两性繁殖方式是生物经过几十亿年进化的结果，是最适合人类繁殖的方式。

邪教组织雷尔教派宣称从 2002 年末到 2003 年初相继培育出了 3 个"克隆婴儿"，顿时引起了世界一片哗然，但雷尔教派迄今还没有拿出克隆人的任何证据。目前世界上已有多个国家明令禁止这种以克隆人类个体为目的的生殖性克隆。在联合国，由法国和德国2001年带头发起的禁止克隆人国际公约草案文本的进一步磋商于2004年10月举行。

联合国教科文组织下属的国际细胞研究组织委员、发育生物学专家、中科院研究员孙方臻接受新华社记者采访时指出："'多莉'羊的早逝说明我们需要尽快加强对克隆技术的研究，因为克隆技术在农业和医疗领域具有广阔的应用前景，在应用之前，我们应当找出问题所在，并妥善解决。另外，在目前克隆技术很不完善的情况下，盲目克隆人，既不安全，也不人道，是极不负责任的。"

在我们没有准备好之前，克隆人会让我们失去很多东西。

在有关克隆人的争论中，一直有一个声音在说：未来诞生的克隆人，可能像当年的试管婴儿一样，最终被社会平静而宽容地接受。科学技术的进步是世界前进的原动力，它终究会推动法律、制度和社会观念的改变。20多年前对试管婴儿的怀疑和指责之声不绝于耳，而到今天，试管婴儿已被评为20世纪最重大的科技成就之一，并作为不孕症的主要治疗手段之一而被接受。

但是，克隆人不同于试管婴儿。克隆技术在动物上仍然没有成熟，世界上第一个克隆动物"多莉"羊之死留下了早衰的难题，克隆动物出现的一系列健康问题有目共睹，这种技术的负面作用还没有被认识清楚。在这种情况下贸然克隆出一个有灵魂的生命，是不是负责任的。

当过父母的人都知道孩子健康的含义。不管把克隆人当作什么，它毕竟是一条生命，一条有自己思想和灵魂的生命。为什么我们反对近亲结婚？为什么我们反对一些疾病患者生育子女？还不是因为他们的孩子面临很大的健康风险吗？我们为什么还要让克隆人来到这个世界上，又为什么让他们质问我们：为什么要把它们带到这个世界上？

即便是将来技术上成熟了，我们能随便克隆人吗？我们能收场吗？我们能向祖先和后代交待吗？

也许将来，我们不反对在极个别情况下，经过严格法律程序，出于人道主义考虑可以克隆人，但是我们绝不能滥用克隆人技术。克隆人威胁到人类最核心的领域。克隆技术与转基因技术一样可以设计生产出所需的生命。有些科学家已经开始研制人造子宫技术，一旦这种技术成熟，人类的繁殖将像生产汽车一样可以设计制造，可以流水化作业。但如果生育可以工业化，那么家庭、父子情、母女情、爱情都失去了生理基础。人类还叫人类吗？我们会不会失控？

没有人否认科技是改变世界的根本力量，但技术的滥用就像毒品，它会让你上瘾，但最终会让你毁灭。

广角镜

混乱一时的千年虫

千年虫，计算机 2000 年问题，又叫做"2000 年病毒""电脑千禧年问千年虫题"或"千年病毒"，是指在某些使用了计算机程序的智能系统（包括计算机系统、自动控制芯片等）中，由于其中的年份只使用两位十进制数来表示，因此当系统进行（或涉及到）跨世纪的日期处理运算时（如多个日期之间的计算或比较等），就会出现错误的结果，进而引发各种各样的系统功能紊乱甚至崩溃。

特别在科技日益发达的今天，其双刃剑作用越来越明显，一个小的失误就会造成巨大损失。电脑千年虫问题虽然没有普遍发作，但全世界为此投入了 6000 亿美元。千年虫给我们留下的教训是十分深刻的，在新世纪人类应更理性地思考科技发展方向，防止千年虫这种小失误造成大麻烦。站在新世纪的门槛上，面对诸如全球变暖、臭氧层受损、荒漠化加剧、物种灭绝、核武器的威胁等一系列世纪性难题，怎样把握以科技为核心的人类文明的发展，成为人类进入新世纪的重大课题。

我们人类已经犯下很多诸如灭绝物种等无可挽回的错误，我们不能一而再、再而三地打开"潘多拉的盒子"。我们只有一个地球，科技再发达，人类也不能违反自然规律。现有科技手段能实现的事情，如果危害社会就不能把它变成现实。比如，应禁止研制比现有核武器威力更大的武器，禁止利用转基因技术培育比艾滋病病毒危害更大的细菌和病毒，禁止随意克隆人等等。科技的发展和应用必须有益于环境。

我们人类必须用星球意识看待我们的历史、现在和未来。如果从哥白尼的《天体运行论》1543 年出版算起，人类开始觉醒的时间只有 460 多年；如果从牛顿《自然哲学的数学原理》1687 年出版计算，人类第一次科技革命距今仅 320 多年；而爱因斯坦 1905 年发表相对论的第一篇论文，距今仅 100 多年；第一台计算机 1944 年才问世。人类步入现代文明的时间是如此之短，比起人类的过去和未来仅仅是沧海一粟，以至于用人类刚刚摆脱愚昧阶段描述当今世界也不失恰当。

令人欣慰的是，全世界已经开始就防止科技发展出现负面影响达成共识，这集中体现在 1999 年 6 月 26 日至 7 月 1 日在匈牙利召开的世界科学大会上。大会提出，为社会发展服务是科技发展目的。因此，人类必须谋求科技、经济、社会、资源和环境协调发展，使子孙后代能够永远发展下去。

拓展阅读

《天球运行论》

《天球运行论》共 6 卷。第一卷论太阳居宇宙的中心，地球和其他行星都绕太阳运行。第二卷论地球的自转，指出地球是绕太阳运转的一颗普通行星，它一方面以地轴为中心自转，一方面又循环着它自己的轨道绕太阳公转。第三卷论岁差。第四卷论月球的运行和日月食。第五卷、六卷论水星、金星、火星、木星和土星五大行星。

生物化学无处不在

中国是茶的故乡，有历史悠久的茶文化。饮茶好处颇多，众所周知。早上泡上一杯热腾腾的绿茶，幽香并伴着好心情，可放久了，幽幽的绿却变成了红色，这是什么原因呢？还能喝吗？

对于这个问题，只要你掌握了一定的生物化学知识就能够给出准确的回答。隔夜茶本身其实并没有坏处，但是隔夜茶因时间过久，维生素大多已丧失，且茶中蛋白质、糖类等成为细菌、霉菌繁殖的养料，故不宜饮用。

实际上，生物化学与我们的生活密切相关，甚至说是无处不在。例如我们经常讨论的转基因食品问题、冷冻食品问题、晕车晕船问题都涉及到生物化学方面的知识。

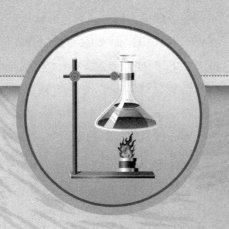

 企鹅的脚为什么不怕冻

南极的企鹅在冬季长时间踩在冰雪上，它们的脚为什么不会冻坏？几年前曾有报道讲，说科学家发现企鹅的脚内有一套独特的辅助血液循环系统，可以防止它们的脚被冻坏。此后就再也没有看见过有关这方面的资料或解释。一些研究企鹅的科学家，他们也未能给出一个有根据的解释。

企鹅同其他生活在寒冷地区的鸟类一样，都已经适应了寒冷的气候，能够尽可能少地散失热量，保持自己身体主要部分温度在40℃左右。但是它们的脚却很

> ### 你知道吗
> #### 南极有哪些动植物
>
> 南极洲自然条件恶劣，不利于植物生长，偶能见到一些苔藓、地衣等植物。海岸和岛屿附近有鸟类和海兽。鸟类以企鹅为多。夏天，企鹅常聚集在沿海一带，构成有代表性的南极景象。海兽主要有海豹、海狮和海豚等。大陆周围的海洋，鲸成群，为世界重要的捕鲸区。南极附近的海洋中还有极多营养丰富的小磷虾。可供人类对水产品的需求。

难保暖，因为脚上既不长羽毛，也没有鲸脂一类脂肪的防护，而且还有相对来说很大的面积（寒带地区的哺乳动物也是如此，比如说北极熊）。

企鹅通过两种机制来防止脚被冻坏：

一种机制是通过改变向双脚提供血液的动脉血管的直径来调节脚内的血液流量。当寒冷时，减少脚部的血液流量；当比较温暖时，增加血液流量。其实我们人类也有类似的机制，所以我们的手和脚在我们感到冷时会变得苍白；当觉得暖和时，则变得红润。这样一种调节机制极其复杂，由脑部的下丘脑控制，需要神经系统和各种激素的参与。

此外，企鹅在其双脚的上层还有一种"逆流热交换系统"。向脚提供温暖血液的动脉血管分叉为许多的小动脉血管，同时，在脚部变冷的血液又通过与这许多动脉小血管紧挨在一起的数目相同的静脉小血管流回。这样，动脉小血管内温暖血液的热量就传递给了与之紧贴的静脉小血管内的逆流冷血，

结果，真正带到脚部的热量其实是很少的。

在冬季，企鹅脚部的温度仅保持在冰点温度以上 $1℃～2℃$，这样就最大限度地减少了热量散失，同时也防止了脚被冻伤。鸭子和鹅的脚也有类似的结构，但是，若把它们圈在温暖的室内饲养，过几个星期再把它们放回冰天雪地里，那么它们双脚贴地的一面就会被冻坏。这是因为它们的生理活动已经适应了温暖的环境，通向脚部的血流实际上已经被切断，此时再回到寒冷环境，脚部的温度就会下降到冰点以下。

拓展阅读

下丘脑的生理功能

下丘脑又称丘脑下部，位于大脑腹面、丘脑的下方，它把内脏活动与其他生理活动联系起来，调节着体温、摄食、水平衡和内分泌腺活动等重要的生理功能。

企　鹅

另外关于企鹅的脚不会冻坏之谜，还可以从生物化学的角度来加以部分说明，而且很有意思。

氧与生物体内的血红蛋白结合，通常是一种强烈的放热反应。一个血红蛋白分子吸收和添加氧原子，要释放出大量的热量（DH）。在相反的逆反应中，当血红蛋白分子释放出氧原子时，通常会吸收同等数量的热量。然而，氧化反应和脱氧反应发生在生物体的不同部分，也就是说发生两种反应所在的分子环境不同（比如说酸度不同），整个过程的结果，则是热量的散失或增加。

这 DH 的实际数值，可以因物种的不同相差很大。具体到南极企鹅的情形，在包括脚在内的外围冷组织中，DH 值要比人类小得多。这就带来两个好处：

首先，在进行脱氧反应时，企鹅的血红蛋白所吸收的热量大为减少，于是，它的双脚就不容易冻坏。

第二个好处来自热力学定律。根据热力学定律，任何一种可逆反应，包括血红蛋白的氧化反应和脱氧反应，较低的温度有利于进行放热反应，而不利于反方向进行的吸热反应。因此，在低温下，对于大多数物种，都是吸收氧的反应进行得比较激烈，而不容易进行释放氧的反应。一个物种所具有的DH 如果相对来说不高不低正合适，那么这就意味着在冷组织中血红蛋白对氧的亲和力不会变高到使氧无法从血红蛋白脱离出来。

趣味点击　永不停止游泳的金枪鱼

金枪鱼体呈纺锤形，具有鱼雷体形，一般时速为每小时 30～50 千米，最高速可达每小时 160 千米，比陆地上跑得最快的动物还要快。金枪鱼若停止游泳就会窒息，原因是金枪鱼游泳时总是开着口，使水流经过鳃部而吸氧呼吸，所以在一生中它只能不停地持续高速游泳，即使在夜间也不休息，只是减缓了游速。

DH 因物种而异还带来一个非常有意思的结果：在某些南极的鱼类中，即使是氧脱离出来，实际上也是在释放热量。金枪鱼就是一个极端例子。在氧从血红蛋白脱离出来时居然会释放出大量的热量，以致于可以使金枪鱼的体温保持在比环境温度高出 17℃。原来，并非所有鱼类都是冷血动物！

在动物中也有相反的例子，必须要减少由于代谢过于旺盛释放的热量。那种具有迁徙特性的水鸡（又叫"秧鸡"），它的血红蛋白氧化时释放的 DH 比温驯的鸽子要高很多。因此，水鸡进行长距离飞行时，当血红蛋白分子释放出氧原子时会吸收大量热量，体温也不会太高。

最后要说的是，胎儿也需要以某种方式散失热量。胎儿与外界的唯一联系是母亲向其提供的血液。胎儿血红蛋白氧化时的 DH 值比母亲血红蛋白的DH 值低，结果，氧脱离母亲血液时所吸收的热量就会多于氧与胎儿的血红蛋白结合时所释放的热量。于是，便有热量转移至母亲的血液。也就是说，胎儿带走了一部分热量。

➤ "生命"是怎么回事

蛋白质被誉为生命的"基础"。有生命的地方，就有蛋白质。蛋白质和核酸组成蛋白质体。恩格斯曾深刻论述了蛋白质与生命现象之间不可分割的关系。他说："生命是蛋白质体的存在方式"。无论是什么地方，只要我们遇到生命，我们就会发现生命是和某种蛋白质体相联系的，而且无论在什么地方，只要我们遇到不处于解体过程中的蛋白质体，我们也无例外地发现生命现象。"

既然蛋白质与生命现象之间有着如此深切的联系，那么只要深入研究蛋白质，就可以回答生命究竟是怎么回事。

胰岛素，正是人们选择为突破口的一种蛋白质。原来，在人和动物的胰脏里，存在着一种小岛似的细胞，它分泌出一种激素，即为"胰岛素"。这种激素很重要，它能促进体内碳水化合物，如糖类、淀粉等的新陈代谢，并控制血液里糖的含量。人体内如缺少胰岛素，就会得糖尿病。在医学上，胰岛素是治疗糖尿病的特效药。

知识小链接

糖尿病

糖尿病是由遗传因素、免疫功能紊乱、微生物感染及其毒素、自由基毒素、精神因素等等各种致病因子作用于机体导致胰岛功能减退、胰岛素抵抗等而引发的糖、蛋白质、脂肪、水和电解质等一系列代谢紊乱综合征，临床上以高血糖为主要特点，典型病例可出现多尿、多饮、多食、消瘦等表现。

要想合成蛋白质就必须要知道蛋白质的结构。胰岛素是人们较早知道分子结构的蛋白质，早在19世纪初，人们就已认识到，氨基酸是组成蛋白质的基本单位，蛋白质分子是由许多氨基酸以肽键结合成的长链高分子化合物。英国科学家桑格及其共同工作者于1945年开始研究胰岛素的结构，经过10

年的努力，终于测出了牛胰岛素中全部氨基酸的排列顺序。

牛胰岛素和人胰岛素的分子结构极为相似，都是由 51 个氨基酸组成的，两者前 50 个氨基酸的成分、顺序都相同，只是最后一个氨基酸不同。牛胰岛素的分子是由两条分子链组成的：一条叫 A 链，一条叫 B 链。A 链由 21 个氨基酸组成，B 链由 30 个氨基酸组成。两条链之间，由两对硫原子连在一起，A 链中还有自己的一对硫原子。一个牛胰岛素分子，总共含有 777 个原子！然而，它却是现在已知蛋白质中最小的一个。

1958 年底，中国科学院生物化学研究所首先进行了胰岛素的拆合工作，即将胰岛素中 3 个硫硫键拆开后，再通过硫硫键的结合，使之重新成为天然胰岛素活力相同的分子。天然胰岛素的拆合成功，把人工合成胰岛素的工作简化到分别合成 21 肽和 30 肽。即使这样，人工合成胰岛素仍是相当艰难的。因此，中国科学院生化研究所的科研人员前后花费了 6 年多的时间，在 1965 年 9 月 17 日，才终于向世界骄傲地宣布：世界上首批用人工方法合成的结晶牛胰岛素诞生了！这点雪白的结晶体，其结晶形状与天然胰岛素相同，生物活力与天然胰岛素相等。

1971 年，我国科学工作者又完成了分辨率为 2.5 埃和 1.8 埃的胰岛素晶体立体结构的测定工作。近年来，又抽提、结晶了鸡、乌凤蛇和鲢鱼的胰岛素，另外还合成了 29 肽的结晶高血糖素，在合成蛋白质方面取得了一系列新成就。

知识小链接

长度单位：埃

埃，公制长度单位，1 埃等于 0.1 纳米，常用以表示光波的波长及其他微小长度。这个单位名称是为纪念瑞典物理学家埃格斯特朗而定的。

会自杀的基因种子

门撒特公司是世界上最先进的生物技术公司之一，其研制的基因种子在世界上享有很高的声誉。该公司曾发明了多种具有"内毒素"的作物种子，这种毒素对人体无害，但对昆虫却是致命的，庄稼因此可以避免害虫的侵袭。如今，为了让农民每年都必须从该公司购买种子，门撒特公司的研究人员别出心裁，居然利用基因技术研制出一种具有"记忆性"新特征的种子：会自杀的种子。

所谓"会自杀"的种子长成的庄稼成熟时，其种子不能用于再种植，如同人类患有不育症一样。这样，在下一个生长季里，农民便不能用自己的种子进行播种，他们若想种同样的庄稼，必须重新向门撒特公司购买种子。

利用基因技术研制会自杀的种子，其原理是这样的：首先从其他不育的庄稼中"剪切"到会导致不育的蛋白基因 DNA 序列，再将该 DNA 序列组合"拷贝"到待出售的商业种子的基因组中。同时，研究人员还插入了两段编码序列，它们能使导致不育的蛋白基因处于休眠状态，直至庄稼发育成熟为止。

这种导致不育的蛋白基因，只影响种子而不会影响植株本身。但由于公司要生产足够的种子出售，研究人员另外还需插入一段阻断 DNA 序列，用以抑制导致不育的蛋白基因发作。一旦他们得到全部所需种子，就将种子浸泡在一种特殊的溶液里，诱发种子产生一种酶来破坏阻断 DNA，以中和这种基因抑制，令它们不再起作用。而当由这种经处理过的种子长成的庄稼成熟时，毒蛋白基因就会发生作用，杀死新结出的种子，使农民无法利用这些种子进行再播种。

对于这一技术是否该投入使用，尚有许多争议。反对的意见中，有的人认为这种"不育症"有可能传染给自然界中的其他生物，使它们也不育，也有的人认为，这一技术分明在损害农民的利益。

转基因作物

从表面上看来，转基因作物同普通植物似乎没有任何区别，它只是多了能使它产生额外特性的基因。从 1983 年以来，生物学家已经知道怎样将外来基因移植到某种植物的脱氧核糖核酸中去，以便使它具有某种新的特性：抗除莠剂的特性、抗植物病毒的特性、抗某种害虫的特性……这个基因可以来自任何一种生命体：细菌、病毒、昆虫……这样，通过生物工程技术，人们可以给某种作物注入一种靠杂交方式根本无法获得的特性，这是人类 9000 年作物栽培史上的一场空前革命。

基本小知识

杂 交

遗传学中经典的也是常用的实验方法。通过不同的基因型的个体之间的交配而取得某些双亲基因重新组合的个体的方法。一般情况下，把通过生殖细胞相互融合而达到这一目的过程称为杂交，而把由体细胞相互融合达到这一结果的过程称为体细胞杂交。

世界上第一种基因移植作物是一种含有抗生素药类抗体的烟草。它在 1983 年培植出来，直到 10 年以后，第一种市场化的基因食物才在美国出现，那是一种可以延迟成熟的西红柿。1996 年，由这种西红柿食品制造的西红柿饼才得以允许在超市出售。

转基因作物

迄今为止，转基因牛羊、转基因鱼虾、转基因粮食、转基因蔬菜和转基因水果在国内外均已培育成功并已投入食品市场。国家农业转基因生物安全委员会委员、中国农科院植保所彭于发研究员介绍，全球的转基因作物在问世后的 7 年中整整增加了 40

倍，转基因生物以植物、动物和微生物为多，其中植物是最普遍的。从 1983 年研究成功后，转基因作物从 1996 年的 170 万公顷直接增长至 2003 年的 6770 万公顷，有五大洲 18 个国家的 700 万户农户种植，其中转基因大豆已占全部大豆种植的 55%，玉米占 11%，棉花占 21%，油菜占 16%，这些作物的国际贸易出口额也在增加。

美国是转基因技术采用最多的国家。自 20 世纪 90 年代初将基因改制技术实际投入农业生产领域以来，目前美国农产品的年产量中 55% 的大豆、45% 的棉花和 40% 的玉米已逐步转化为通过基因改制方式生产。目前，大约有 20 多种转基因农作物的种子已经获准在美国播种，包括玉米、大豆、油菜、土豆、和棉花。据估计，从 1999 年到 2004 年，美国基因工程农产品和食品的市场规模将从 40 亿美元扩大到 200 亿美元。有专家预计：21 世纪初，很可能美国的每一种食品中都含有一定量基因工程的成分。其他还有阿根廷、加拿大也是转基因农业生产发展迅速的国家。

我国已经开展了棉花、水稻、小麦、玉米和大豆等方面的转基因研究，目前已经取得了很多研究成果，尤其是在转基因棉花研究方面成绩突出。然而，真正进行大规模商业化的品种却并不很多。真正规模种植的只有抗病毒甜椒和延迟成熟西红柿、抗病毒烟草、抗虫棉等 6 个品种。有专家认为，我国同样也存在着大量的转基因食品。市场调查显示，在我国市场上 70% 的含有大

你知道吗

农业转基因生物主要包括那些

农业转基因生物主要包括：1. 转基因动植物（含种子、种畜禽、水产苗种）和微生物；2. 转基因动植物、微生物产品；3. 转基因农产品的直接加工品；4. 含有转基因动植物、微生物或者其产品成分的种子、种畜禽、水产苗种、农药、兽药、肥料和添加剂等产品。

豆成分的食物中都有转基因成分，像豆油、磷脂、酱油、膨化食品等等，所以很多公众其实是在不知不觉中和转基因食品有了联系。另外我国一些进口食品中含有转基因成分。在我国流行的快餐食品店麦当劳和肯德基的食品中，转基因的含量也都很高。

转基因食品的利与弊

全球人口的迅猛增长，耕地面积的不断减少，粮食问题成为世界许多国家面临的一个十分棘手的问题。要满足人们的食品供应，提高食品供应质量，必须依靠科学技术。目前转基因技术在食品生产中的应用，已取得明显的成效，转基因食品也已悄然走上人们的餐桌。转基因食品（Genetically modified food）就是以转基因生物为原料加工生产的食品。世界上最早的转基因作物诞生于 1983 年，是一种含有抗生素类抗体的烟草。直到 10 年以后，第一种市场化的转基因食品才在美国出现。它是一种可以延迟成熟的西红柿。到了 1996 年，由其制造的番茄酱才得以允许在超市出售。

据统计，1997 年全世界转基因作物的播种面积约为 1100 万公顷，1998年就上升到 2780 万公顷，之后也快速增长。

阿根廷的农业

阿根廷国土面积的 55% 是牧场，农牧业发达，畜牧业占农牧业总产值的 40%。全国牲畜的 80% 集中在潘帕斯大草原。阿根廷是世界粮食和肉类重要生产国和出口国，素有"粮仓肉库"之称。主要种植小麦、玉米、大豆、高粱和葵花等。

全球转基因农作物销售额 1995 年为 7500 万美元，1996 年达 2.35 亿美元，1997 年达 6.7 亿美元，1998 年跃升为 16 亿美元。2000 年，全世界的转基因农产品市场达到 30 亿美元以上。转基因动物产品可达到 75 亿美元。美国是转基因技术采用最多的国家，20 世纪 80 年代初，美国最早进行转基因食品的研究。从 1983 年转基因作物诞生，到 1997 年，美国已能生产 34 种转基因作物，如土豆、西葫芦、玉米、番茄、木瓜、大豆等，并形成了可观的产业规模。转基因作物播种的面积已占大豆播种总面积的 55%，占玉米播种面积的 40%。阿根廷是继美国之后大量采用转基因技术的第二个国家，1997 年，阿根廷转基因作物的播种面积仅 140 万公顷，1998 年增加到 550 万公顷，其中 75% 的大豆播种面积采用了经过改变基因的豆种。加拿大也是转基因农业生产发展迅速的国家，它的转基因作物播种面积已从 1997 年的 130 万公顷增加到 2000 年的 280 万公顷，2001 年 51% 的大豆和玉米采用了经过基因处理的种子。除上述 3 个国家外，世界上应用转基因技术比较多的国家还有澳大利亚、墨西哥、西班牙、法国和南非等。

中国是 20 世纪 90 年代初进入商业型转基因农业生产的第一个发展中国家。在 21 世纪，中国的转基因食品得到很快的发展，一方面因为我国的生物技术研究越来越接近世界水平，甚至有些方面已达到世界水平，为其发展提供了可靠的技术支持；另一方面，中国对转基因食品的市场需求很大，中国人均耕地面积少，不可能完全依靠扩大耕地面积来满足人们的食品需求，只能走高科技发展之路，生物技术无

广角镜

世界和我国耕地现状

耕地是人类赖以生存的基本资源和条件。进入 21 世纪，人口不断增多，耕地逐渐减少，人民生活水平不断提高，保持农业可持续发展首先要确保耕地的数量和质量。据联合国教科文组织和粮农组织不完全统计，全世界土地面积为 18.29 亿公顷左右，人均耕地 0.37 公顷；我国现有耕地总面积约为 1.21 亿公顷，人均耕地约为 0.08 公顷，只占世界人均耕地的四分之一。

疑是其中一个重要手段，亦是提高食品质量的一种重要方式。如果我们自己不发展，这个潜在的市场就会被国外的转基因食品所抢占。

有利的方面：过去改变植物的品种主要是通过育种，这种传统的育种方式需要的时间长，杂交出的品种不易控制，目的性差，其后代可能高产但不抗病，也可能抗病但不高产，也许是高产但品质差，所以必需一次一次地进行选育。而转基因技术就不同了，选择任何一个目的基因转进去，就可得到一个相应的新品种，不用再花那么长的时间筛选了。

传统的育种只能是水稻对水稻、玉米对玉米进行杂交，不能水稻对玉米杂交，水稻更不能和细菌进行杂交。而转基因技术不但可以把不同植物的基因进行组合，而且还可以把动物的基因，甚至人的基因组合到植物里去。比如：科学家看中了一种北极熊的基因，认为它有抵抗冷冻的作用，于是将其分离取出，再植入番茄之中，培育出耐寒番茄。

通过转基因技术可培育高产、优质、抗病毒、抗虫、抗寒、抗旱、抗涝、

抗盐碱、抗除草剂等特性的作物新品种，以减少作物对农药、化肥和水的依赖，降低农业成本，大幅度地提高单位面积的产量，改善食品的质量，缓解世界粮食短缺的矛盾。例如：马铃薯植入天蚕素的基因后，抗清枯病、软腐病的能力大大提高。过去这两种病每年会带来近三成的减产，一种抗科罗拉多马铃薯甲虫的马铃薯，可使美国每年少用 37 万千克的杀虫剂；阿根廷播种转基因豆种后，大豆抗病和抗杂草能力大为增加，使用农药和除草剂的量减少，生产成本比原来下降了 15%。

利用转基因技术可生产有利于健康和抗疾病的食品。杜邦和孟山都公司即将推出多种可榨取有益心脏的食用油的大豆。两大公司还将联手推出味道更鲜美且更容易消化的强化大豆新品种。艾尔姆公司与其他公司合作，正在研究高含量抗癌物质的西红柿以及可用于生产血红蛋白的玉米和大豆。此外，含疫苗的香蕉和马铃薯也正在加紧研究中；日本科学家利用转基因技术成功培育出可减少血清胆固醇含量、防止

拓展阅读

马铃薯的毒性

马铃薯含有一些有毒的生物碱，主要包括茄碱和毛壳霉碱，但一般经过 170℃ 的高温烹调，有毒物质就会分解。野生的马铃薯毒性较高，茄碱中毒会导致头痛、腹泻、抽搐、昏迷，甚至会导致死亡。但一般栽培的马铃薯毒性很低，很少有马铃薯中毒事件发生。

动脉硬化的水稻新品种；欧洲科学家新培育出了米粒中富含维生素 A 和铁的转基因稻，这一成果有可能帮助降低全球范围内，特别是以稻米为主食的发展中国家缺铁性贫血和维生素 A 缺乏症的发病率。

基本小知识

动脉硬化

动脉硬化是动脉的一种非炎症性病变，可使动脉管壁增厚、变硬，失去弹性、管腔狭小。动脉硬化是随着人年龄增长而出现的血管疾病，其规律通常是在青少年时期发生，至中老年时期加重、发病。

➤ "人体器官再造"

不少企业都看好"人体器官再造"的市场前景。有人估计，这个行业发展预期的产值将达到数万亿美元。目前，研究和从事"人体器官再造"的机构，基本上都不依赖政府的资助，独立地通过实验室来培育可再生的骨骼、软骨、血管和皮肤以及胚胎期的胎儿神经组织，进而通过实验规划研制人体的肝脏、胰脏、乳房、心脏、耳朵和手指等等。美国马萨诸塞州的器官培育公司，采用婴儿的一些皮肤组织，培育出面积很大的活皮肤，经过处理，截成合适的形态后可以移植给任何人，包括用于治疗老年人常见的腿部溃疡，这种活皮肤移植，不用担心出现排异反应或留下疤痕。这家公司下一步将培育用于修补尿道、修复膝盖的软骨组织以及研制更换胫骨的方法。

知识小链接

软　骨

软骨由软骨组织及其周围的软骨膜构成，软骨组织由软骨细胞、基质及纤维构成。根据软骨组织内所含纤维成分的不同，可将软骨分为透明软骨、弹性软骨和纤维软骨 3 种，其中以透明软骨的分布较广，结构也较典型。

就目前的市场价值而言，"人体器官再造"已经成为一个大型产业。一个价值 800 亿美元的人体再生组织市场已经形成。据资料显示，美国每年用于治疗器官衰竭和组织缺损者的费用超过 4000 万美元，但是仍有数以十万计的人因无器官可移植而死去。

从 20 世纪 90 年代初以来，各种类型的人体器官和组织培育公司的开发目标都是用生物工艺学再造人体，即去除不再需要保留的衰竭器官和老化细胞、有缺损的组织，以健康的组织和细胞予以替换。

据研究者介绍，"人体器官再造"的技术在不断地走向成熟。将来，就连最复杂的器官也将成为医疗商品。再造人体器官与组织所创造的初步成果，已被美国医学界公认为临床医学发生的突破性进展，它所展示的广阔前景是医学上的一场深刻变革。从人类学和社会学的意义预测，它有可能成为人类自身永葆青春的一条有效途径。

"人体器官再造"技术，有可能延伸"健康"的定义。传统意义上的"健康"，就是指人体的生理机能正常，没有缺陷和疾病。当"人体器官再造"以及"基因工程"广泛普及之后，"健康"的定义可能无限延伸。

或许有一天，"健康"包括了人的某些理想。现在，有的人为身材太矮发愁，有的人为身体肥胖担忧，有的人希望长寿等等。而"人体器官再造"有可能依据个人的理想来"定制"你的人体组织与器官。使"希望"身体健康，自然发展成"一定能"身体健康。

你知道吗

世界五大长寿之乡在哪里

目前，全世界有 5 个地方被国际自然医学会认定为长寿之乡，其中中国有两个。它们是：中国广西巴马、中国新疆和田、巴基斯坦罕萨、外高加索地区、厄瓜多尔的比尔卡班巴。

或许有一天，"健康"也包括人的外貌。我们的子孙后代，可以通过胚胎的基因分析，预见孩子的长相，然后根据父母对其外貌的期望进行加工，使之完善。

或许有一天，"健康"还包括心理因素和精神因素。在高度竞争的社会环境下，不少人的人格特征发生了严重扭曲，或者喜怒无常，或者自私冷酷，或者目光短浅等等。这些都不利于人类的健康发展。"人体器官再造"可以通过对人类基因的调整或者改造，使下一代的心理更健康，精神保持正常状态。

或许有一天，"健康"是可以"先天"调节的。在今天，大部分的人对于自己的身体知之不多，不知道自己有没有得病，不知道是什么时候得的病，更不知道自己什么时候死。"人体器官再造"技术的高度发展，使人类对自己本身的生老病死有比较清楚的了解，并且可以主动进行调节。

"人体器官再造"技术是一门尖端科学。20 世纪 60 年代初，苏联科学家在世界上首次成功地进行了狗的全头移植手术，引起了全球的轰动。2 年后，美国科学家将换头技术推进了一大步，成功地进行了动物异种换头，把一只小狗的脑袋搬到了一只猴子的脖子上。这绝对是一个伟大的成就，因为当时几乎全球所有的医学家都认为，由于机体强烈的排异反应，异种移头是不可能的。

当"人体器官再造"的技术发展到一定程度的时候，制造人工生物就会非常简单，只要将若干元素加在一起，测试、操纵、复制，人工制作的新型生物就可以出现在眼前。

美国20世纪90年代出台的"人类基因组解读计划"，被认为是生命科学的第一个超级大计划，在规模上，足以和太空探险、制造原子弹和登陆月球等工程相媲美。基因革命的意义是，它彻底摇撼了生命的根基，使人类生活在一个植物、动物都可以复制的世界；而"人类基因组解读计划"如能成功，则预示着人类可以面对一个人工繁殖的世界。人们可以根据希望和需要，随意生出理想的孩子。未来的成人们，有可能成为一种"试管市民"，这将赋予"人体器官再造"以全新的意义。

经常吃醋好不好

广角镜

醋的起源

醋和酱油一样，是一种十分古老的酿造调味品，据现有文字记载，以曲作为发酵剂来发酵酿制食醋的所谓东方醋起源于中国，据有文献记载的酿醋历史至少也在三千年以上。"醋"中国古称"酢""醯""苦酒"等。"酉"是"酒"字最早的甲骨文。同时把"醋"称之为"苦酒"，也同样说明"醋"是起源于"酒"的。

食醋有益，但食醋过量和干脆大量喝醋对人体健康是极为不利的。醋又名苦酒。中医认为，醋有散瘀、敛气、消肿、解毒、下气、消食的作用，适量吃点醋有益健康。但若把醋当保健饮料来喝则绝对不行。因为大量喝醋不但会引起胃脘嘈杂泛酸，还会影响筋骨的正常功能，即中医所说的"醋伤筋"。从醋的化学成分分析，其主要成分是醋酸、不挥发酸、氨基酸、糖等。因此，醋有消毒灭菌，降低辣味，保护原料中维生素 C 少受损失等功效，还可助消化，改善胃里的酸环境，抑制有害细菌的繁殖。因此适当吃点醋对于人体健康是有好处的。但机体健康的首要条件是保持器官的正常工作。当大量喝醋时，大量的醋进入人体，将改变胃液的 pH 值，对胃粘膜造成损伤。身体健康者大量食醋可引起胃痛、恶心、呕吐，甚至引发急性胃炎，而胃炎患者大量食醋会使胃病症状加重，有溃疡的人可诱使溃疡发作。同时，由于醋酸的大量吸收还将会影响整个人体的酸碱平衡。正常情况下，人体血液、体液的酸碱度多应保持在 7.35～7.45 之间，呈弱碱性。酸性与碱性食物的摄入都将影响血液、体液的酸碱度。从生理学角度看，酸性食物摄入过多，将会引起血液、体液的酸度增高，发生酸中毒。人体内呈酸性，短

食　醋

时间内会感觉不适、疲乏、精神萎糜等，如长期处于多酸状态，将会引起体内电解质紊乱，易诱发神经衰弱、动脉硬化、高血压和冠心病等。

而鸡、鸭、鱼、肉、蛋、糖、酒等食物在体内也会代谢分解成酸性氧化物，如与醋同时大量进食将更容易使机体环境的酸碱度发生改变，使血液和体液呈酸性，从而危害人体健康。因此，人们在食醋的同时应注意添加些碱性食物，使酸碱摄入量达到平衡。大部分碱性食物中都富含钙、锌、镁、钠等金属离子，大部分水果和蔬菜、大豆等都属于此类，尤其以橙、芦柑、苹果、香蕉、香菇、木耳、茄子、西红柿等为最佳。这类食品在人体内氧化分解后会产生带阳离子的碱性氧化物，能中和酸性物质，维持人体血液和体液的正常酸碱平衡。

◐▷ 人为什么会醉酒

乙醇又称酒精，分子式为CH_3CH_2OH，相对分子质量46.07。它为无色透明液体，易挥发，有辛辣味易燃烧，沸点为78.5℃，闪点为11.7℃，能与水以任意比例混溶。医用乙醇体积分数一般不低于94.58%。

拓展阅读

工业酒精能喝吗

工业酒精中甲醇含量高，甲醇最早由木材和木质素干馏制得，故俗称木醇，是无色有酒精气味易挥发的液体。工业酒精有毒，误饮5～10毫升能使双目失明，大量饮用会导致死亡。自然界中游离态甲醇很少见，但在许多植物油脂，天然染料，生物碱中却有它的衍生物。

酒精以不同的比例存在于各种酒中，它在人体内可以很快发生作用，改变人的情绪和行为。这是因为酒精在人体内不需要经过消化作用，就可直接扩散进入血液中，并分布至全身。酒精被吸收的过程可能在口腔中就开始了，到了胃部，也有少量酒精可直接被胃壁吸收，到了小肠后，小肠会很快地大量吸收。酒精吸收进入血液后，随血液流到各个器官，主要是分布在肝脏和大脑中。

酒精在体内的代谢过程，主要在肝脏中进行，少量酒精可在进入人体之后，马上随肺部呼吸或经汗腺排出体外，绝大部分酒精在肝脏中先与乙醇脱氢酶作用，生成乙醛。乙醛对人体有害，但它很快会在乙醛脱氢酶的作用下转化成乙酸。乙酸是酒精进入人体后产生的唯一有营养价值的物质，它可以提供人体需要的热量。酒精在人体内的代谢速率是有限度的，如果饮酒过量，酒精就会在体内器官，特别是在肝脏和大脑中积蓄，积蓄至一定程度即出现酒精中毒症状。

如果在短时间内饮用大量酒，初始酒精会像轻度镇静剂一样，使人兴奋，减轻抑郁程度，这是因为酒精压抑了某些大脑中枢的活动，这些中枢在平时对极兴奋行为起抑制作用。这个阶段不会维持很久，接下来，大部分人会变得安静、忧郁、恍惚，直到不省人事，严重时甚至会因心脏被麻醉或呼吸中枢失去功能而造成窒息死亡。

冷冻食品也会变质

时下，超市中的冷冻食品以其方便赢得了许许多多消费者的青睐。可是，有的冷冻食品明明在保质期内，回家煮时却发现变了味。

为此，人们不禁要问：为何保质期内的冷冻食品也会变质？

冷冻食品应在－18℃以下的冷库中冷藏，否则很容易变质。由于超市内的冷冻食品大多是开柜式经营，如当日卖不完的食品，不入冷库或存入封闭性能较好的冷柜中冷藏，若食品堆放超过了最大装载线，柜中的冷冻食品就难以达到所需的低温，故容易变质。

冷冻食品

因此，选购时，除了看生产日期、保质期外，还应学会一些简单的辨别法：

先看外包装。包装袋上结晶霜洁白发亮、冻结坚硬的冷冻食品，应该是保存良好的。注意包装袋是否破损，包装内侧严重结霜，包装袋破损的冷冻食品，易被细菌污染。

包装袋内食品无霉点，内装物无干燥的现象。若冷冻食品部分发白，多是由于冷藏温度变化太大，水分散失而变干燥，严重的甚至会变焦黄。

包装的标示要明确完整。确认食品包装上是否有明确的生产日期、保质期、厂家等，越接近保质期的食品越容易出问题。

鱼比肉容易坏的原因

首先，鱼的鳃和内脏藏菌很多而且极易腐烂。鱼一旦死亡，这些部位的细菌立刻迅速繁殖，并穿透鳃和脊柱边上的大血管，沿血管很快伸向肌肉组织。有人检查了刚杀死的鱼和刚死的鱼，发现鱼肉就不是无菌的。1两鱼肉里有 5000～16 000 个细菌，它们的来源主要是鳃，可见细菌繁殖发展之快。反之，畜肉（猪、牛、羊）一般都是宰杀放血，并立即开膛去脏，减少了细菌污染的机会。经检查也证明，健康的牲畜宰杀后畜肉含菌很少。

广角镜

鱼鳃的功能

鱼在水中时，每个鳃片、鳃丝、鳃小片都完全张开，使鳃和水的接触面积扩大，增加摄取水中所溶解的氧的机会。在鳃小片中有微血管，这里的表皮很薄，当血液流过这里时就完成了气体交换：将带来的二氧化碳透过鳃小片的薄壁，送到水中；同时，吸取水中的氧，氧随血液循环输送到身体各部分去。

其次，鱼肉是被疏松的少量结缔组织分隔为很多小肌群的，细菌很容易沿着疏松的组织间隙侵入肌肉。反之，畜肉是被致密坚硬的结缔组织（即筋）包围成一束一束的，细菌比较不容易侵入肌肉。如果鱼在捕获时就已受伤，则细菌更易从伤口进入肌肉。而畜类发生这种现象就比较少。

再次，鱼肉含糖量一般只有 0.3% 左右，而畜肉则多半在 1% 以上。动物死后，肉里的糖即转化为乳酸，使肉酸度增高并发生僵直变硬。酸度增高和肉僵硬都起抑制细菌繁殖的作用。鱼肉因为含糖少，所以产生乳酸也少，肉酸度和僵直维持的时间都不及畜肉。鱼肉僵直时期很快消失进入自溶阶段（蛋白质分解阶段），为细菌的滋长创造了条件。

由于以上各种原因，所以鱼肉比畜肉容易坏。为了减慢鱼腐烂过程，对家庭来说，买到鱼后应尽快去鳞、鳃、内脏，用清水洗净血液和粘液，将肚子用一根小棍撑开，挂在阴凉通风或冰箱里，并及时腌制加工，或及时烹调做熟。

 为什么会晕船、晕车、晕机

运动病又称晕动病，是晕车、晕船、晕机等的总称。它是指乘坐交通工具时，人体内耳前庭平衡感受器受到过度运动刺激，前庭器官产生过量生物电，影响神经中枢而出现的出冷汗、恶心、呕吐、头晕等症状群。

内耳前庭器是人体平衡感受器官，它包括三对半规管和前庭的椭圆囊和球囊。半规管内有壶腹嵴，椭圆囊球囊内有耳石器（又称囊斑），它们都是前庭末梢感受器，可感受各种特定运动状态的刺激。半规管感受角加（减）速度运动刺激，而椭圆囊、球囊的囊斑感受水平或垂直的直线加（减）速度的变化。当我们乘坐的交通工具发生旋转或转弯时（如汽车转弯、飞机作圆周运动），角加速度作用于两侧内耳相应的半规管，当一侧半规管壶腹内毛细胞受刺激弯曲形变产生正电位，对侧毛细胞则弯曲形变产生相反的电位（负电），这些神经末梢的兴奋或抑制性电信号通过神经传向前庭中枢并感知此运动状态；同样当乘坐工具发生直线加（减）速度变化，如汽车启动、加减速刹车，船舶晃

拓展阅读

感受器的分类

感受器是动物体表、体腔或组织内能接受内、外环境刺激，并将之转换成神经过程的结构。按感受器在身体上分布的部位和接受刺激的来源可区分为：内感受器、本体感受器和外感受器三大类。外感受器包括：光感受器、听感受器、味感受器、嗅感觉器和分布皮肤、粘膜、视器、听器等处。内感受器包括：心血管壁的机械和化学感受器，胃肠道、输尿管、膀胱、体腔壁内的和肠系膜根部的各类感受器。本体感受器：分布于骨骼肌肌腹、肌腱、关节囊、韧带和内耳味觉器等处，接受运动和平衡时产生的刺激。

动、颠簸，电梯和飞机升降时，这些刺激使前庭椭圆囊和球囊的囊斑毛细胞产生形变放电，向中枢传递并感知。这些前庭电信号的产生、传递在一定限度和时间内人们不会产生不良反应，但每个人对这些刺激的强度和时间的耐受性有一个限度，这个限度就是致晕阈值，如果刺激超过了这个限度就要出现运动病症状。每个人耐受性差别又很大，这除了与遗传因素有关外，还受视觉、个体体质、精神状态以及客观环境（如空气异味）等因素影响，所以在相同的客观条件下，只有部分人出现运动病症状。

◑ 生气时为什么吃不好饭

原来我们的一切举动都是受大脑皮层控制的。大脑皮层管的事情非常多，例如，人的思维、读书、看报、知识的积累、感情的表达以及具体的行动等。

尽管大脑皮层管的事情这样多，可是工作安排却井井有条。一般说来，在某一时间里只有一个中心，也就是说只处理一件事情，即使有的时候大小事情一起来，也是一件一件来解决。

人类大脑皮层的组成

人类大脑皮层的神经细胞约有 140 亿个，面积约 2200 平方厘米，主要含有锥体形细胞、梭形细胞和星形细胞（颗粒细胞）及神经纤维。按细胞与纤维排列情况可分为多层、自皮层表面到髓质大致分为 6 层。

大脑皮层在处理事情时，它只在有关的部位产生兴奋，而这一部位兴奋的时候其他部位就会被抑制。就如你在读书入了迷，往往会对周围的事物表现出视而不见的现象。

当我们饥饿想吃东西时，大脑皮层中想吃东西的部位就是唯一的兴奋点，其他部位都处于抑制状态。可是这时如果生了气，大脑皮层中别的部位就产生了强烈兴奋，原来管吃的部位就会被抑制，于是食欲消退，也就吃不下饭了。

不怕海水的洗衣粉

什么样的洗涤剂在海水中不出"豆腐渣"？什么样的洗涤剂不用油脂做原料呢？

它们是以洗衣粉为代表的合成洗涤剂。

100多年前，有人偶然发现蓖麻油和硫酸作用后，可以得到一种"土耳其红油"。用它洗衣服，在海水里照样挺好使，不会生成叫人讨厌的"豆腐渣"。这件事启发了科学家，随着石油化学工业的发展，科学家们利用炼油副产品和苯、氯气、硫酸、氢氧化钠等为原料，用人工方法合成了上百种洗涤剂。

合成洗涤剂和肥皂一样，也具有"双重性格"——既亲油又亲水。但是，它没有肥皂的缺点，在各种水中都保持良好的去污能力，而且不需要使用宝贵的油脂作为原料。如今，甚至肥皂的原料也改用由炼油副产品氧化得来的脂肪酸了，肥皂也可以改名为"合成肥皂"啦！

合成洗涤剂除了固体的洗衣粉之外，还有液体的洗洁精、洗净剂等。

有些洗涤剂中添加了荧光增白剂，可以让白颜色的衣物更洁白，花色衣服的颜色更鲜艳，还有一些无泡或少泡洗涤剂，适合在洗衣机、洗碗机里使用。

知识小链接

石油化工

石油化工指以石油和天然气为原料，生产石油产品和石油化工产品的加工工业。石油产品又称油品，主要包括各种燃料油（汽油、煤油、柴油等）和润滑油以及液化石油气、石油焦炭、石蜡、沥青等。生产这些产品的加工过程常被称为石油炼制，简称炼油。石油化工产品以炼油过程提供的原料油进行进一步化学加工获得。

但是，洗涤剂洗不净衣服上的汗斑、奶渍和血迹。原因是，这些污渍里的蛋白质是大个的高分子，与纤维胶结得非常紧密，很难拆散。

有一种叫做碱性蛋白酶的生物催化剂，它能"消化"顽固的蛋白质污垢，将大个的蛋白质分子拆开，变成能够溶解在水里的小分子。科学家把它掺在洗涤剂里，做成"加酶洗衣粉"，让洗衣粉增添了"消化"蛋白质污垢的本领，洗起衣服来去污效果特别好。

不过，碱性蛋白酶需要适宜的温度才能大显身手。它在50℃时最活跃，"消化"蛋白质的能力最强，热到80℃以上就失效了。因此，在加酶洗衣粉的说明书上应特别标明："切忌用沸水冲溶！"

医学中的生物化学

　　随着科学技术的发展，医学的研究已深入到分子水平，并以生化的理论与技术予以解决。许多疾病的发病机理也需要从分子水平加以解释。对一些常见病和严重危害人类健康的疾病的生化问题进行研究，有助于进行预防、诊断和治疗。如血清中肌酸激酶同工酶的电泳图谱用于诊断冠心病、转氨酶用于肝病诊断等。在治疗方面，磺胺药物的发现开辟了利用抗代谢物作为化疗药物的新领域，青霉素的发现开创了抗生素化疗药物的新时代，再加上各种疫苗的普遍应用，使很多严重危害人类健康的传染病得到控制或基本被消灭。

　　20世纪70年代以来，利用生物化学生产贵重药物也进展迅速，包括一些激素、干扰素和疫苗等。生物化学用于改进工业微生物菌株不仅能提高产量，还创造出新的抗菌素杂交品种。

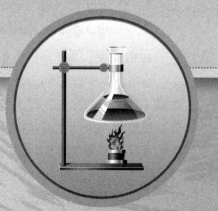

非典型性肺炎的爆发

◎SARS 病毒

非典型性肺炎是指还没找到确切的病源、尚不明确病原体的肺炎。目前特指在中国 2003 年流行的非典型性肺炎。非典型肺炎的临床特点为隐匿性起病，多为干性咳嗽，偶见咯血，肺部听诊较少阳性体征；X 线胸片主要表现为间质性浸润；其疾病过程通常较轻，患者很少因此而死亡。

非典型肺炎是相对典型肺炎而言的。典型肺炎通常是由肺炎球菌等常见细菌引起的，症状比较典型，如发烧、胸痛、咳嗽、咳痰等。实验室检查血白细胞增高，抗菌素治疗有效。非典型肺炎本身不是新发现的疾病，它多由病毒、支原体、衣原体、立克次体等病原引起，症状、肺部体征、验血结果没有典型肺炎感染那么明显，一些病毒性肺炎抗菌素无效。

拓展阅读

白细胞的分类

白细胞是无色有核的血细胞，在血液中一般呈球形。血液中的白细胞有五种，按照体积从小到大是：淋巴细胞、嗜碱性粒细胞、嗜中性粒细胞、嗜酸性粒细胞和单核细胞。另外根据形态差异可分为颗粒和无颗粒两大类。

非典型肺炎的名称起源于 1930 年末，与典型肺炎相对应，后者主要为由细菌引起的大叶性肺炎或支气管肺炎。20 世纪 60 年代，将当时发现的肺炎支原体作为非典型肺炎的主要病原体，但随后又发现了其他病原体，尤其是肺炎衣原体。目前认为，非典型肺炎的病原体主要包括肺炎支原体、肺炎衣原体、鹦鹉热衣原体、军团菌和立克次体（引起 Q 热肺炎），尤以前两者多见，几乎占每年成年人社区获得性肺炎住院患者的 1/3。这些病原体大多为细胞内寄生，没有细胞壁，因此可渗入细胞内的广谱抗生素（主要是大环内酯类和四环素类抗生素）对其治疗有效，而 β 内酰胺类抗生素无效。而对于由病毒

引起的非典型肺炎，抗生素是无效的。

虽然 SARS 的致病原已经基本明确，但发病机制仍不清楚，目前尚缺少针对病因的治疗。基于上述认识，临床上应以对症治疗和针对并发症的治疗为主。在目前疗效尚不明确的情况下，应尽量避免多种药物（如抗生素、抗病毒药、免疫调节剂、糖皮质激素等）长期、大剂量地联合应用。

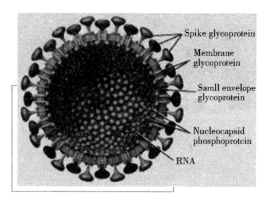

SARS 病毒

基本小知识

四环素

四环素是从放线菌金色链丛菌等的培养液分离出来的抗菌物质，对革兰氏阳性菌、阴性菌、立克次体、滤过性病毒、螺旋体属乃至原虫类都有很好的抑制作用，是一种广谱抗菌素，对结核菌、变形菌等则无效。

◎ 一般治疗与病情监测

卧床休息，注意维持水电解质平衡，避免用力和剧烈咳嗽。密切观察病情变化（不少患者在发病后的 2~3 周内都可能属于进展期）。一般早期给予持续鼻导管吸氧（吸氧浓度一般为 1~3 升/分）。

根据病情需要，每天定时或持续监测脉搏容积血氧饱和度。

定期复查血常规、尿常规、血电解质、肝肾功能、心肌酶谱、T 淋巴细胞亚群（有条件时）和 X 线胸片等。

◎ 对症治疗

1. 发热大于 38.5℃或全身酸痛明显者，可使用解热镇痛药。高热者给予冰敷、酒精擦浴、降温毯等物理降温措施，儿童禁用水杨酸类解热镇痛药。

2. 咳嗽、咯痰者可给予镇咳、祛痰药。

3. 有心、肝、肾等器官功能损害者，应采取相应治疗。

4. 腹泻患者应注意补液及纠正水、电解质失衡。

◎ 糖皮质激素的使用

应用糖皮质激素的目的在于抑制异常的免疫病理反应，减轻全身炎症反应状态，从而改善机体的一般状况，减轻肺的渗出、损伤，防止或减轻后期的肺纤维化。应用指征如下：①有严重的中毒症状，持续高热不退，经对症治疗 3 天以上最高体温仍超过 39℃；②X 线胸片显示多发或大片阴影，进展迅速，48 小时之内病灶面积大于 50% 且在正位胸片上占双肺总面积的 1/3 以上；③达到急性肺损伤（ALI）或 ARDS 的诊断标准。具备以上指征之一即可应用。成人推荐剂量相当于甲泼尼龙 80～320 毫克/天，静脉给药具体剂量可根据病情及个体差异进行调整。当临床表现改善或胸片显示肺内阴影有所吸收时，逐渐减量停用。一般每 3～5 天减量 1/3，通常静脉给药 1～2 周后可改变口服泼尼松或泼尼龙。一般不超过 4 周，不宜过大剂量或过长疗程，应同时应用制酸剂和胃黏膜保护剂，还应警惕继发感染，包括细菌或/和真菌感染，也要注意潜在的结核病灶感染扩散。

◎ 抗病毒治疗

目前尚未发现针对 SARS－CoV 的特异性药物。临床回顾性分析资料显示，利巴韦林等常用抗病毒药对本病没有明显治疗效果。可试用蛋白酶抑制剂类药物咯匹那韦（Lopinavir）及利托那韦（Ritonavir）等。

◎ 免疫治疗

胸腺肽、干扰素、丙种球蛋白等非特异性免疫增强剂对本病的疗效尚未肯定，不推荐常规使用。SARS 恢复期血清的临床疗效尚未被证实，对诊断明确的高危患者，可在严密观察下试用。

◎ 抗菌药物的使用

抗菌药物的应用目的主要为两个：一是用于对疑似患者的试验治疗，以帮助鉴别诊断；二是用于治疗和控制继发细菌、真菌感染。

　　鉴于 SARS 常与社区获得性肺炎（CAP）相混淆，而后者常见致病原为肺炎链球菌、支原体、流感嗜血杆菌等，在诊断不清时可选用新喹诺酮类或β-内酰胺类联合大环内酯类药物试验治疗。继发感染的致病原包括革兰阴性杆菌、耐药革兰阳性球菌、真菌及结核分枝杆菌，应有针对性地选用适当的抗菌药物。

◆ 合成蛋白质的密码有误导致的分子病

　　分子病是由遗传因素引起的一种疾病。DNA 把"上一辈"的遗传密码传给"下一辈"，由 RNA"翻译"出来并指导合成蛋白质。每种蛋白质都有自己特定的密码，从而使合成的蛋白质具有严格的氨基酸排列顺序的特定的空间结构，以完成各种生物功能。在遗传过程中，如果 DNA 把密码传递错了或者 RNA 把密码翻译错了，就会合成出与正常情况不同的蛋白质，就是说，蛋白质中氨基酸的排列顺序或者空间结构与正常的不一样，这就造成这种蛋白质的功能出现缺陷，甚至功能完全丧失。这种由遗传因素决定的蛋白质中氨基酸排列与正常不同所引起的病症，叫做分子病。

　　1910 年，在非洲发现了一种贫血病，患者在缺氧的条件下，感到头昏、胸闷，严重的就死亡。科学家经过40 年的研究，确认这种病叫"镰刀形红细胞贫血病"，是一种分子病。病因是正常血

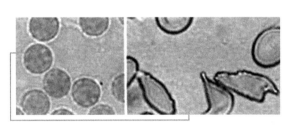

分子病

红蛋白上的两个谷氨酸被两个缬氨酸代替，产生了"有病"的血红蛋白。正常的红细胞是扁圆形的，在血管里负责运送氧和二氧化碳。"有病"的血红蛋白虽然也能完成这项任务，但是，"有病"的血红蛋白在红细胞中的数量增多时，它们会互相吸引，一个接一个地凝聚在一起，形成一条蛋白质链，使原来鼓鼓囊囊的红细胞变成了镰刀形。在缺氧条件下，镰刀形的红细胞容易破

裂，使运氧机能遭到破坏，出现贫血症。根本原因是 DNA 上的 CTT 变成 CAT。近年来，随着分子生物学的发展，分子病的研究有了较大进展。已查明结构上的血红蛋白分子病就有 380 多种，除了单个的碱基替换外，还发现了其他类型的 DNA 分子变化。另外，某些放射线、环境污染及地理因素引起的疾病，以及恶性肿瘤致病的原因都与 DNA 分子结构改变有关，其中，癌是常见的一种。通过对分子病的研究，可以对"不治之症"采用预防和治疗措施。

知识小链接

红细胞

红细胞也称红血球，是血液中数量最多的一种血细胞，同时也是脊椎动物体内通过血液运送氧气的最主要的媒介，同时还具有免疫功能。成熟的红细胞是无核的，这意味着它们失去了 DNA。红细胞也没有线粒体，它们通过葡萄糖合成能量。

◉▶ 儿童手足口病带来的恐慌

手足口病是由肠道病毒引起的传染病，多发生于 5 岁以下儿童，可引起手、足、口腔等部位的疱疹，少数患儿可引起心肌炎、肺水肿、无菌性脑膜脑炎等并发症。个别重症患儿如果病情发展快，导致死亡。

引发手足口病的肠道病毒有 20 多种（型），柯萨奇病毒 A 组的 16、4、5、9、10 型，B 组的 2、5 型以及肠道病毒 71 型均为手足口病较常见的病原体，其中以柯萨奇病毒 $A_1$6 型（Cox $A_1$6）和肠道病毒 71 型（EV 71）最为常见。

急性起病，发热，口腔黏膜出现散状疱疹，米粒大小，疼痛明显，手掌或脚掌部出现米粒大小疱疹，臀部或膝盖偶可受累。疱疹周围有炎性红晕，疱内液体较少。部分患儿可伴有咳嗽、流涕、食欲不振、恶心、呕吐、头疼等状。医生通常能根据病人的年龄、病人或家长诉说的症状及检查皮疹和溃疡来鉴别手足口病和其他原因所致的口腔溃疡。可将咽拭子或粪便标本送至实验室检测病毒，但病毒检测需要 2～4 周才能出结果，因此医生通常不提出做此项检查。依据流行病学资料、临床表现、实验室检查、确诊时须有病原学的检查依据。

西医治疗手足口病的方法如下：

①接触者应注意消毒隔离，避免交叉感染。

②密切监测病情变化，尤其是脑、肺、心等重要脏器功能；危重病人特别注意监测血压、血气分析、血糖及胸片。

③加强对症支持治疗，做好口腔护理。

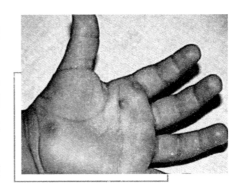

临床特征

④注意维持水、电解质、酸碱平衡及对重要脏器的保护。

⑤有颅内压增高者可给予甘露醇等脱水治疗，重症病例可酌情给予甲基泼尼松龙、静脉用丙种球蛋白等药物。

⑥出现低氧血症、呼吸困难等呼吸衰竭征象者，宜及早进行机械通气治疗。

⑦维持血压稳定，必要时适当给予血管活性药物。

其他重症处理：如出现弥散性血管内凝血、肺水肿、心力衰竭等，应给予相应处理。

手足口病是婴幼儿常见的传染病，柯萨奇病毒 A16 型和肠道病毒 71 型共同被认为是本病流行的主要原因。我国自 1981 年在上海始见本病，之后多个省市区均有报道。本病临床上以发热和手、足、口腔等部位出现皮疹、溃疡等表现为主，个别患者可引起心肌炎、肺水肿、无菌性脑膜脑炎等致命性并发症。2008 年 5 月 2 日，我国正式将手足口病列为丙类传染病进行法定传染病管理。本病目前尚没有公认的特效治疗手段。

肆虐的病毒

你患过流行性感冒吗？我猜测，每个人的回答都是肯定的。对于流感造成的鼻塞、流涕、流眼泪、寒颤不适，甚至头痛发热，每个人都深有体会。因为我们都不止一次地患过流感。这种感冒因为常以流行的方式出现而得名。流感的流行是波浪式地发生，高峰在冬季，通常每隔 3~5 年大流行一次。例如 1957 年春季，流感从中国内地传到香港特区，同年夏季传入欧洲和美国，为秋季大流行播下了种子。人类频繁和广泛的活动，致使疾病迅速传播。这次大流行中，全世界的患者约有 8000 万人。1962~1963 年间的大流行，导致全世界约 46 000 人死亡。1968 年夏季，流感先在香港特区暴发，然后迅速蔓延到全世界，仅在美国就有近 3000 万人患病，近 20 000 人死亡。

流感一再暴发，使我们不禁产生了疑问，为什么患过天花或只要种过牛痘以后就能终身免疫，而流感却一患再患呢？难道引起流感的病原体与天花、牛痘这类病原体不一样吗？是的，流感病原体确实与众不同。虽然天花、牛痘、流感的病原体都是病毒，但流感病毒的遗传物质——核酸，不是通常的双股 DNA，而是单股的 RNA，基因组的总分子量为 $2 \times 10^{-6} \sim 4 \times 10^{-6}$，分成 8 个节段。因此，每个流感病毒都具有 8 个 RNA 片段，每个片段的分子量通常是 200 万~400 万。由于流感病毒有分节段的基因组，所以其有多种生物学特性，其中最突出的就是高重组频率，即 8 个 RNA 片段相互之间具有较高的重新组合的频率。每一次基因重组或突变都会导致它所编码的蛋白质改变，使病毒带有新的抗原（这一过程称为抗原漂移），获得生存下去的优势。因为人群中抵抗这种新型病毒的抗体水平极低，这样流行就可能发生。研究证实，病毒至少含有 20 种以上不同的抗原，流感病毒多次感染人体，就是因为发生了抗原漂移。它每次都以新的面貌出现，而体内上次感染产生的抗体无法发挥作用，使人又一次患病。有人也尝试过用注射流感疫苗的方法来预防，但效果实在不能令人满意，它只能提供短暂性保护，因为流行的流感病毒抗原不断地发生变化。有人认为，如果能制造出包括已存在的各种不同抗原成分的疫苗的话，有效地控制流感是可能的。这种疫苗含有一种抗原组合，能代表所有已知的流感抗原，但是抗原漂移是无法预见的，因而流感控制的前景实际上是没有把握的。对于预防流感，人类在很大程度上依旧是听天由命。看来，一个健康的免疫系统也不能无限地保护机体。

基本小知识

抗　原

抗原，是指能够刺激机体产生（特异性）免疫应答，并能与免疫应答产物抗体和致敏淋巴细胞在体内外结合，发生免疫效应（特异性反应）的物质。抗原的基本特性有两种，一是诱导免疫应答的能力，也就是免疫原性；二是与免疫应答的产物发生反应，也就是抗原性。

如果免疫系统本身出了故障，有机体会陷入怎样的境地呢？这似乎是不可思议的事情。但近年来流行的一种新的疾病——后天获得性免疫缺乏综合症，使人类有机会目睹了这一无法想象的事件。

也许你没有听说过"后天获得性免疫缺乏综合征"这个名称，但你一定知道"艾滋病（AIDS）"吧！它们指的是同一种疾病。这种病的最早报道见于美国亚特兰大市疾病控制中心1981年6月5日出版的《发病率与死亡率周刊》。人们对于这种疾病的恐惧程度有时远远超过了癌症。这种可怕的流行病严重威胁生命，死亡率几乎100%。艾滋病也是因病毒感染引起的，导致这种疾病的过程是发生在分子中的。艾滋病毒属于一类特殊的病毒，它的遗传物质是RNA。当病毒侵入人体细胞后，在储备的逆转录酶的帮助下，能将RNA作为模板合成DNA，然后再将这新合成的DNA连接到体细胞的遗传物质DNA上，改变了体细胞的编码，使体细胞不再仅产生新的自身的遗传物质，而且产生艾滋病病毒的遗传物质以及形成病毒外壳需要的蛋白质。只要细胞活着，就存在细胞传染，如果细胞自身分裂，遗传物质首先加倍增多，然后也一分为二，病毒的遗传物质也发生同样的变化，并一起进入新的细胞。因此，不仅首先受感染的细胞是具有传染性的，而且他们的后代细胞也是有传染性的。推而广之，受感染的动物和人也总是有传染性的。

据研究，艾滋病可能是由非洲的绿色长尾猴传染给人类的。这种猴体重

10 千克左右，居住在中非、东非和西非的森林和大草原中。在调查中发现，被捕获的健康野生猴 42% 在血液中带有艾滋病病毒的抗体，但却没有找到一只生病的绿色长尾猴。这种猴作为艾滋病病毒的寄主，尽管受到感染，仍能保持完全健康。一旦病原体传给人类时，则提高了病毒的危险性。对猴没有危险的病毒，有可能在人类猎取、肢解或训练绿色

你知道吗

世界艾滋病日是哪一天

为提高人们对艾滋病的认识，世界卫生组织于 1988 年 1 月将每年的 12 月 1 日定为世界艾滋病日，号召世界各国和国际组织在这一天举办相关活动，宣传和普及预防艾滋病的知识。世界艾滋病日的标志是红绸带。

长尾猴时受了伤，而从动物体到达人体内，并发展成致命的病毒。另一研究则发现艾滋病已知的 4 种病株，均来自喀麦隆的黑猩猩及大猩猩。

人体健康的免疫系统工作的途径以及艾滋病毒侵入人体后免疫系统损伤的情况，是足以使你"不寒而栗"的。

人类生活在一个充斥着各种病原体的环境中。一旦我们免疫系统的机能衰竭了，那么就像一个没有丝毫自卫能力的国家处于敌国的包围之中一样，其最后的结局只有灭亡。最早报道的 5 位患艾滋病的年轻美国人，年龄都在 29~36 岁之间，发病前都很健康，却都因微不足道的卡氏肺囊虫、巨细胞病毒、霉菌的感染，不久后相继去世了。

▶ 脊髓灰质炎病毒

脊髓灰质炎是急性传染病，由病毒侵入血液循环系统引起，部分病毒可侵入神经系统，俗称小儿麻痹症。患者多为 1~6 岁儿童，主要症状是发热、全身不适，严重时肢体疼痛，发生瘫痪。

知识小链接

神经系统

神经系统由中枢部分及其外周部分所组成。中枢部分包括脑和脊髓，分别位于颅腔和椎管内，两者在结构和功能上紧密联系，组成中枢神经系统。外周部分包括 12 对脑神经和 31 对脊神经，它们组成外周神经系统。

脊髓灰质炎是一种急性病毒性传染病，其临床表现多种多样，包括程度很轻的非特异性病变、无菌性脑膜炎（非瘫痪性脊髓灰质炎）和各种肌群的弛缓性无力（瘫痪性脊髓灰质炎）。脊髓灰质炎病人，由于脊髓前角运动神经元受损，与之有关的肌肉失去了神经的调节作用而发生萎缩，同时皮下脂肪、肌腱及骨骼也萎缩，使整个机体变细。

脊髓灰质炎病毒是一种体积小（22～30 微米），单链 RNA 基因组，缺少外膜的肠道病毒。按免疫性可分为三种血清型，其中 I 型最容易导致瘫痪，也最容易引起流行。

人是脊髓灰质炎病毒唯一的自然宿主，本病通过直接接触传染，是一

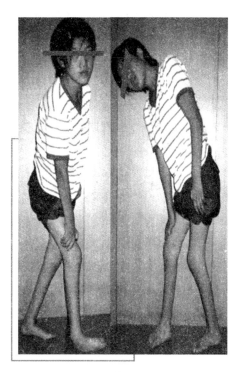

小儿麻痹症

种传染性很强的接触性传染病。隐性感染（最主要的传染源）在无免疫力的人群中常见，而明显发病者少见。即使在流行时，隐性感染与临床病例的比例仍然超过 100∶1。一般认为，瘫痪性病变在发展中国家（主要是热带）少见，但近来对跛行残疾的调查发现，这些地区的发病率达到美国接种疫苗以前的高峰发病年份。这些地区环境卫生和个人卫生都很差，病毒

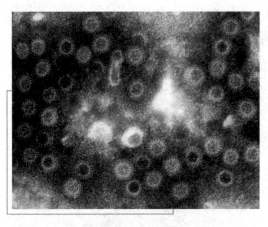

脊髓灰质病毒

传播广泛，终年发病，因而小儿在出生后几年内就获得感染和免疫，而不发生大流行。瘫痪病例中，90%以上发生于5岁以前。相比之下，环境卫生和个人卫生好的经济发达国家，感染的年龄往往推迟，许多年长儿和青年人仍然是易感者，夏季流行在年长儿中越来越多。在工业化国家，由于疫苗的广泛使用，脊髓灰质炎目前已基本消灭。在全世界范围内，消灭脊髓灰质炎已经为时不远。

基本小知识

肠道病毒

肠道病毒包括脊髓灰质炎病毒、柯萨奇病毒、致肠细胞病变人孤儿病毒及新型肠道病毒共71个血清型，肠道病毒属病毒引起的传染病。临床表现轻者只有倦怠、乏力、低热等，重者可全身感染，脑、脊髓、心、肝等重要器官受损，预后较差，并可遗留后遗症或造成死亡。

临床表现差异很大，有两种基本类型：轻型（顿挫型）和重型（瘫痪型或非瘫痪型）。

轻型脊髓灰质炎占临床感染的80%~90%，主要发生于小儿。临床表现轻，中枢神经系统不受侵犯。在接触病原后3~5天出现轻度发热、不适、头痛、咽喉痛及呕吐等症状，一般在24~72小时之内恢复。

重型常在轻型的过程后平稳几天，然后突然发病，更常见的是发病无前驱症状，特别在年长儿和成人。潜伏期一般为7~14日，偶尔可较长。发病后发热，严重的头痛，颈背僵硬，深部肌肉疼痛，有时有感觉过敏和感觉异常，在急性期出现尿潴留和肌肉痉挛，深腱反射消失，可不再进一步进展，但也可能出现深腱反射消失，不对称性肌群无力或瘫痪，这主要取决于脊髓或延髓损害的部位。呼吸衰弱可能由于脊髓受累使呼吸肌麻痹，也可能是由于呼吸中枢本身受病毒损伤所致。吞咽困难，鼻反流，发声时带鼻音是延髓受侵犯的早期体征。脑病体征偶尔比较突出。脑脊液糖正常，蛋白轻度升高，细胞计数 10～300 个（淋巴细胞占优势）。外周血白细胞计数正常或轻度升高。

知识小链接

呼吸中枢系统

呼吸中枢是指中枢神经系统内产生呼吸节律和调节呼吸运动是神经细胞群。呼吸中枢分布在大脑皮层、间脑、脑桥、延髓和脊髓等各级部位，参与呼吸节律的产生和调节，共同实现机体的正常呼吸运动。

治疗是对症性的。顿挫型或轻型非瘫痪型脊髓灰质炎仅需卧床几日，用解热镇痛药对症处理即可。

在瘫痪型脊髓灰质炎恢复期，理疗是最重要的治疗手段。当患急性脊髓灰质炎时，可睡在硬板床上（用足填板，有助于防止足下垂）。如果发生感染应给予适当抗生素治疗，并大量饮水以防在泌尿道内形成磷酸钙结石。

脊髓病变引起呼吸肌麻痹，或者病毒直接损害延髓的呼吸中枢引起颅神经所支配的肌肉麻痹时，都可能导致呼吸衰竭。此时需要进行人工呼吸。对咽部肌肉无力、吞咽困难、不能咳嗽、气管支气管分泌物积聚的病人，应进行体位引流和吸引。常需要气管切开或插管，以保证气道通畅。在呼吸衰竭时常发生肺不张，故常需作支气管镜检查及吸引。若无感染不主张用抗菌药。

◐ 禽流感的传播

禽流感是由禽流感病毒引起的一种急性传染病，也能感染人类。人感染后的症状主要表现为高热、咳嗽、流涕、肌痛等，多数伴有严重的肺炎，严重者心、肾等多种脏器衰竭导致死亡，病死率很高。此病可通过消化道、呼吸道、皮肤损伤和眼结膜等多种途径传播，人员和车辆往来是传播本病的重要因素。

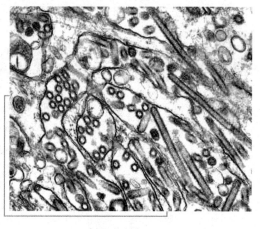

禽流感病毒

禽流感是禽流行性感冒的简称，它是一种由甲型流感病毒的一种亚型（也称禽流感病毒）引起的传染性疾病，被国际兽疫局定为甲类传染病，又称真性鸡瘟或欧洲鸡瘟。按病原体类型的不同，禽流感可分为高致病性、低致病性和非致病性禽流感三大类。非致病性禽流感不会引起明显症状，仅使染病的禽鸟体内产生病毒抗体。低致病性禽流感可使禽类出现轻度呼吸道症状，食量减少，产蛋量下降，出现零星死亡。高致病性禽流感最为严重，发病率和死亡率均高，感染的鸡群常常"全军覆没"。

禽流感的症状依感染禽类的品种、年龄、性别、并发感染程度、病毒毒力和环境因素等而有所不同，主要表现为呼吸道、消

广角镜

禽流感的最早发现

文献中所记录的禽流感最早发生于1878的意大利。当时，意大利发生鸡群大量死亡，被称为鸡瘟。到1955年，科学家证实其致病病毒为甲型流感病毒。此后，这种疾病被更名为禽流感。禽流感被发现100多年来，人类并没有掌握特异性的预防和治疗方法，仅能以消毒、隔离、大量宰杀禽畜的方法防止其蔓延。

化道、生殖系统或神经系统的异常。

常见症状有病鸡精神沉郁，饲料消耗量减少，消瘦；母鸡的就巢性增强，产蛋量下降；轻度直至严重的呼吸道症状，包括咳嗽、打喷嚏和大量流泪；头部和脸部水肿，神经紊乱和腹泻。

这些症状中的任何一种都可能单独或以不同的组合出现。有时疾病暴发很迅速，在没有明显症状时就已发现鸡死亡。

另外，禽流感的发病率和死亡率差异很大，取决于禽类种别和毒株以及年龄、环境和并发感染等，通常情况为高发病率和低死亡率。在高致病力病毒感染时，发病率和死亡率可达 100%。

禽流感潜伏期从几小时到几天不等，其长短与病毒的致病性、感染病毒的剂量、感染途径和被感染禽的品种有关。

🔸 甲型 H1N1 流感疫苗

甲型 H1N1 流感疫苗，是甲型 H1N1 流感（猪流感）疫苗，也叫"盼尔来福"。2009 年 6 月 8 日，作为中国内地唯一具备大流行流感疫苗生产资质的企业，北京科兴生物制品有限公司拿到来自美国 CDC 的甲型 H1N1 流感疫苗生产用毒株，这意味着中国甲型 H1N1 流感疫苗"盼尔来福"的批量生产正式启动。由美国疾病预防控制中心和英国生物制品检定所提供的，为世界卫生组织认定的甲型 H1N1 流感疫苗可批量生产。

◎ 甲型 H1N1 流感疫苗——中国批量生产

在国家应对甲型 H1N1 流感联防联控保障组以及海关总署和国家质检总局等部门的大力支持下，来自美国 CDC 的甲型 H1N1 流感疫苗生产用毒株 NYMCX－179A 于 8 日晚送抵北京科兴。北京科兴拿到毒株后迅速启动毒株种子批制备工作。

单批疫苗生产需经历病毒接种、病毒培养、病毒灭活、纯化、配比、分包装及批签发等步骤才能最终投入使用。为达到疫苗的保护效果，并节省抗原，北京科兴对这次甲型 H1N1 流感疫苗采用了佐剂疫苗的生产工艺。

北京科兴现有大流行流感疫苗生产线的设计年生产能力为 2000 万 ~ 3000 万支，是我国内地唯一具备大流行流感疫苗生产资质的企业。由于大流行流感疫苗的需求量巨大，北京科兴的产能难以完全满足国家和公众的需求。为给尽可能多的人群提供保护，北京科兴决定与国内几家季节性流感疫苗生产厂家结成联盟，把北京科兴从 2004 年以来开展的相关研究所形成的大流行流感疫苗生产关键技术与合作者分享，共同承担疫苗"盼尔来福"的生产。

"盼尔来福"的生产和检定将严格按照国家食品药品监管局批准的《大流行流感病毒灭活疫苗制造及检定规程》进行。国家食品药品监管局也已及时出台《大流行流感疫苗特别审批应急工作方案》，使疫苗合作生产有法可依，保证疫苗的生产科学、依法、有序、高效地进行，保证疫苗使用的安全性。

北京科兴公司一直致力于人用疫苗及相关产品的研发、生产及销售。目前上市产品包括甲型肝灭活疫苗"孩尔来福"，甲乙型肝炎联合疫苗"倍尔来福"等。

世界卫生组织目前尚未就甲型 H1N1 流感属于季节性流感还是大流行流感做出判断。国家食品药品监管局有关部门负责人表示，中国 11 家流感疫苗生产企业，无论是否具备大流行流感疫苗生产资质，均可申请甲型 H1N1 流感疫苗的研制与生产。

◐ 遗传病基因疗法

经常听到这样的疑问："我父亲家族有心脑血管病史，我会不会也跑不了。""我母亲有糖尿病，我会不会得？""许多癌症要追究家族史，难道癌症会遗传吗？"

人们一般认为，遗传病就像接力棒一样，代代血脉相传，其实，像心脑血管疾病、癌症、糖尿病等常见的慢性病并非必然遗传，但一顶"家族病史"的帽子还是成为很多人心头挥之不去的阴云。这些常见的疾病到底遗传吗？有家族病史的人该怎么办？

染色体病是由染色体异常造成。比较常见的染色体病有先天愚型、先天性睾丸或卵巢发育不全综合征等。

　　大家知道的那些能够代代相传的遗传病大都属于单基因遗传病。19 世纪出现于英国王室并通过联姻波及欧洲各王室的血友病，可算是历史上最著名的因单基因遗传造成的家族性遗传病例。除此以外，比较常见的单基因遗传病有白化病、高度远视、高度近视、红绿色盲、夜盲症和过敏性鼻炎等。现代医学对单基因遗传病了解得最为清楚，单基因遗传病就是只有一个基因发生

你知道吗

色盲为什么被称为"道尔顿症"

　　色盲，在国外首先由英国化学家、物理学家、近代化学之父约翰·道尔顿发现，所以又称"道尔顿症"，色盲以红绿色盲较为多见，蓝色盲及全色盲较少见。色盲有先天性及后天性两种，先天性者由遗传而来，后天性者为视网膜或视神经等疾病所致。

突变造成的疾病，可以明确知晓其遗传方式或遗传规律，比如传男不传女或者隔代遗传等。因此许多单基因遗传病在生育阶段就可以控制，比如孕前、孕期遗传病检查和新生儿筛查等，能有效地防止有严重遗传疾病的胎儿诞生。

　　相对于单基因遗传病，多基因遗传病则更为常见，患病人群也更为广泛，例如，先天性心脏病、糖尿病、哮喘、精神分裂症、癌症、肺结核、重症肌无力、痛风、中低度近视、牛皮癣、类风湿性关节炎等都属于此类。多基因遗传病不仅受多对基因的控制，还受环境因素影响。目前医学对其相互作用方式还并不明了。不同于单基因遗传疾病，多基因疾病的发生只是具有一定的遗传基础，所以常出现家族倾向，但患者亲属的发病率没有规律可循，也不会必然发病。

　　对多基因遗传病而言，遗传因素与环境因素在疾病的发生中各起多大作用呢？遗传学家们提出了"遗传度"这个概念，指遗传因素在疾病发生中所起作用的程度。如果一种病的遗传度是 80%，那么环境因素的作用就是 20%。遗传因素所起的作用愈大，遗传度愈高，而环境因素作用愈小；反之遗传因素作用愈小，遗传度愈低，而环境因素作用就愈大。

　　遗传因素决定了一个人比其他人更有可能得病，风险更高，所以不管是心脑血管疾病还是糖尿病等，有家族病史的人便被列入高危人群。亲属再发

风险的高低与许多因素有关。第一，与疾病发生的主要原因是遗传还是环境有关，如果是遗传，则再发风险高；第二，与疾病的严重程度（如畸形程度）有关，越严重则再发风险越高；第三，与患者亲缘关系越近，再发风险越高，直系亲属的再发风险明显高于旁系；第四，家族中患者人数越多，再发风险越高。

比如冠心病的遗传因素包括男性、家族史、高脂血症、高血压、糖尿病、肥胖症等，后天环境因素如吸烟、不运动、精神紧张等。高血压病的遗传度约为30%～60%，但环境因素如精神紧张、高盐食物等也是众所周知的致病原因。原癌基因存在于正常细胞中，如果受到射线、化学因素、生物因素的诱导，就像打开了潘多拉的盒子，有可能转化为有活力的癌基因。

基本小知识

原癌基因

原癌基因是细胞内与细胞增殖相关的基因，是维持机体正常生命活动所必须的，在进化上十分保守。当原癌基因的结构或调控区发生变异，基因产物增多或活性增强时，使细胞过度增殖，从而形成肿瘤。

除了致病的后天环境因素可以自我控制外，现代医学也正在借助基因治疗这种武器，拿基因来治基因，从根上治疗疾病。当然基因治疗首先取决于对基因功能及其与疾病关系的了解。目前许多科学家都在寻找各种疾病的致病基因，约1000多种引起人类各种疾病的基因已得到确认。对于多基因遗传病也同样屡传捷报，比如研究人员已经找到60多种原癌基因。第一个引起冠心病和心肌梗塞的致病基因也已经被发现。

基因治疗目前已经逐步从实验室走向临床应用。基因治疗是利用分子生物学中基因重组以及转殖的技术，将患者的致病基因加以修补或置换，使其恢复正常功能，或者在已丧失功能的基因外输入额外的正常基因，使病人得以恢复健康。它不是向患者提供药物，而是通过改变患者细胞的遗传结构来纠正错误，血友病等已经能进行基因治疗。

➤ 攻克癌症

与以往相比，人类的寿命已经大大延长了。古代，麻疯、天花曾是可怕的疾病；中世纪的欧洲流行过"黑死病"，至今人们还记忆犹新。19 世纪，随着抗生素的发现，许多传染病被得到了有效的防治。而癌症，依然使人们胆战心惊，因为人们至今还苦无良策来对付它。可以说，癌症是 21 世纪严重威胁人类生命和健康的疾病之一。

当然，癌症并不是现在才出现的疾病。古病理学家曾经在恐龙骨骼上发现过癌损害的残迹；古埃及人也很早就用象形文字记载了人类的肿瘤。到公元前 4 世纪，许多肿瘤（如胃癌、子宫癌等）都有了记载，古希腊医生希波克拉底还用了"癌"这个词来指那些扩散和危害生命的肿瘤。这些都说明：地球上癌症的存在已经有悠久的历史了。

拓展阅读

"医学之父"希波克拉底

希波克拉底（约公元前460—公元前377）被西方尊为"医学之父"，古希腊著名医生，他的医学观点对以后西方医学的发展有巨大影响。希波克拉底提出"体液学说"，认为人体由血液、粘液、黄胆和黑胆四种体液组成，这四种体液的不同配合使人们有不同的体质。他把疾病看作是发展着的现象，认为医师所应医治的不仅是病而是病人，从而改变了当时医学中以巫术和宗教为根据的观念。

癌症是一类疾病的总称，各种各样的癌不下 100 种。它们有一个共同的特点就是细胞的生长不受控制和调节。

在正常机体内，各种细胞都按一定的速度和各自的方式生长，像成熟的脑细胞很少分裂，甚至根本不分裂，而有些细胞，例如红细胞却经常在分裂。

机体内很多细胞通常处在"休息"状态，只在必要时才分裂和繁殖。例如，当我们的皮肤被不小心割破时，伤口处的细胞便开始分裂繁殖，形成修复组织。当伤口愈合后，细胞也就停止生长，再次进入"休息"状态。当机体重新发生需要新细胞的信号时，它们又能分裂出大量的细胞。

但是癌细胞不同，癌细胞对身体环境中的控制信号不能正确地作出反应，而是任性地分裂繁殖，毫无节制地快速生长。越是恶性的肿瘤，生长得越快。癌细胞越长越多，形成肿块，压迫四周的组织，妨碍组织的血液供应，并且侵入到周围的组织内，破坏正常组织的结构和功能。

有时，癌细胞还会离开自己的原发部位，随血液和淋巴液到处游荡，在别处落脚，并长成继发性的肿瘤，这个过程称为转移，当癌生长到一定程度时，都可能发生转移。转移给癌症的治疗造成了很大的困难。即使原发性的肿瘤经手术或 X 射线治疗完全消除后，这种继发性肿瘤还在生长，并可再次转移，最后夺走患者的生命。

随着生物化学、药物学、细胞生物学和分子生物学等学科的发展，人们对于癌症的原因逐渐有了了解。

知识小链接

分子生物学

分子生物学是在分子水平上研究生命现象的科学。通过研究生物大分子（核酸、蛋白质）的结构、功能和生物合成等方面来阐明各种生命现象的本质。研究内容包括各种生命过程。比如光合作用、发育的分子机制、神经活动的机理、癌的发生等。

遗传理论认为：肿瘤的发生是由于细胞所含的遗传信息发生了变化，如遗传信息的增加、减少或其他改变等。证据是：一些引起癌症的致癌病毒可将自己的遗传信息（DNA 片段）插入到人类细胞的 DNA 链上，使遗传信息增加；而化学物质的渗入以及辐射都会使 DNA 链上的遗传信息发生改变。无论是致癌病毒的感染，还是接触某些特定的化学物质或辐射，都使癌症的发生率增加。

另外，长期以来，人们对癌细胞的基因做了大量研究后发现，将癌细胞的某个基因激活后转导到正常细胞内，可使正常细胞在体外发生癌变，这种基因被称为癌基因。在正常细胞内，癌基因处于低表达状态而不发挥其作用，所以不致癌。当癌基因被各种致癌因素激活以后，变为高表达状态而导致癌症。在人和动物的体内都存在着癌基因，至今已发现有 60 多种。它们与细胞和器官的发育增殖都有关，并能促进胚胎期细胞和器官的发育、增殖，因此，癌基因是刺激细胞生长的基因。

近年还发现，正常细胞内还存在着另一类基因——抑癌基因，这种基因具有抗癌作用，一旦抑癌基因由于遗传或环境因素而丢失或失活时，抗癌作用会消失或减弱，人体就容易患癌症。已发现抑癌基因有 100 多种，其作用是抑制细胞的生长和繁殖。

遗传因素、自身的免疫机能、环境中的生物、物理、化学等因素，都会成为引发癌症的诱因。在治疗癌症时，人们也大多是从以下几个方面着手来改善机体的健康状况的。

1. 手术疗法。手术切除局部的肿瘤，使早期的癌症极有希望被根治。

质子束与手术

如果将回旋加速器产生的高速带电质子束，通过磁场线圈压缩和焦聚成直径约 2.5～3 毫米的质子束可以用来作手术。用质子束做手术不需要麻醉，无疼痛感觉；又由于质子束的焦聚点很小，不会破坏健康组织。

2. 放射疗法。深度 X 射线、镭射线、钴射线以及各种电子束、质子束、中子束等对处于增殖期的癌细胞有显著的杀伤作用，而对正常细胞的杀伤作用相对较弱。放射疗法能保留器官的功能，减轻手术的残疾后果。

3. 化学疗法。用化学药物氨甲喋呤、5 - 氟尿嘧啶、环磷酰胺、康红霉素、阿霉素、门冬酰胺酶及从天然植物中提取的长春新碱等。它们或干扰某些癌细胞的正常代谢，或通过渗入癌细胞而破坏癌细胞，对于多种癌症都具有一定的治疗作用。

4. 免疫疗法。利用生物技术，人工制取各种细胞因子，注入到患者体内，这些细胞因子可杀死肿瘤细胞，提高患者对自己体内癌症的抵抗力。

这四种疗法的用途，可以用一个简单的比喻来比较说明：如果在一块牧草（正常细胞）地里长出了一棵杂草（局部肿瘤），可以把它拔掉（手术疗法）或摧毁掉（放射疗法）；如果野草在牧草里蔓延开了（转移性癌症），这时把它拔掉或摧毁掉会破坏整个草地，可选择在草地上喷洒除草剂（化学疗法），有选择地杀死野草，而不伤害牧草；如果草地中零星地散布着野草，则可施加化肥（免疫疗法），促进牧草的生长，使牧草长得比野草更快，将野草闷死。

免疫疗法的分类

免疫疗法目前分特异性和非特异性两种。特异性免疫疗法是先找出某种癌症的特定抗原，然后或在体内投以抗原以制造抗体，或在体外制造抗体再注入体内，以形成对抗原的抵抗力，就是人们通常"打疫苗"的方法。非特异性免疫疗法是通过活化人体的免疫细胞，综合提升人类固有的免疫力，封锁癌细胞并将其灭杀的方法。

在治疗癌症时，还常常运用综合疗法，而不是单独地用上述的四种方法。针对某一种特定的癌症或特定的病人，医生们精心地制订出治疗方案，使各种方法之间互相取长补短，更有效地治疗癌症。

例如手术和放射疗法并用，放射疗法可以破坏手术后还可能留在淋巴结和周围组织的少量癌细胞，而手术前进行放射治疗可使大的肿块缩小，降低局部肿瘤的复发，减少肿瘤转移的机会；放射疗法与化学疗法、免疫疗法结合，可有效地治疗那些已经转移的或是复发率较高的癌症患者。

癌症的早期诊断和治疗是 21 世纪人类面临的一个医学难题。许多人对这一难题做了长期深入的研究，进行了许多尝试，也取得了令人欣慰的效果。但是，我们至今与彻底解决这一难题仍有很大距离。无数生命科学家、医学家们仍在继续努力，以求攻克这一难关，像以往战胜种种疾病那样，再次为人类的健康带来福音。

📀 感冒病毒"感冒"了

当你安安静静地躺在床上感冒发烧流鼻涕的时候，是不是希望那些可恨的流感病毒们赶快死掉？好了，现在有项新的研究显示，那些可怜的小病毒们也会感染疾病。

该项研究结果发表在《自然》杂志上。研究发现，具有 900 个基因的多食棘阿米巴巨型病毒（Acanthamoeba）被一种只有 21 个基因的小型病毒"人造卫星"（Sputnik）所感染。多食棘阿米巴巨型病毒的体积惊人，它比之前发现的最大病毒大 3 倍——甚至比一些细菌都大。

知识小链接

《自然》杂志

《自然》（Nature）是世界上历史悠久的、最有名望的科学杂志之一，首版于 1869 年 11 月 4 日。与当今大多数科学杂志专一于一个特殊的领域不同，《自然》是少数依然发表来自很多科学领域的一手研究论文的杂志。在许多科学研究领域中，很多最重要、最前沿的研究结果都是以短讯的形式发表在《自然》上。

多食棘阿米巴巨型病毒是噬菌体的一种。噬菌体是一类专门感染细菌的病毒。多食棘阿米巴巨型病毒所感染的细菌是变形虫（阿米巴）。多食棘阿米巴巨型病毒将自身嵌入变形虫之中并接管变形虫细胞的生殖系统，这样就可以利用变形虫细胞产生更多的病毒。"人造卫星"病毒是一类新型病毒的第一种，这类病毒被论文作者称作噬病毒体（virophages）。"人造卫星"病毒会把自身注入到多食棘阿米巴巨型病毒病毒的 DNA 中，利用多食棘阿米巴巨型病毒的 DNA 生产"人造卫星"病毒——这正是多食棘阿米巴巨型病毒在宿主变形虫细胞中所干的事。一旦被"人造卫星"病毒感染，多食棘阿米巴巨型病毒自身的繁殖会受到影响，产生的新后代也会减少。从效果上看，就像是病毒得病了。

另一项相似的研究对"人造卫星"病毒做了基因分析。研究显示，"人造卫星"病毒的一些基因实际上源自另外一些病毒。这一发现意味着噬病毒体（virophages）会通过他们寄生的病毒交换基因，类似于噬菌体通过他们寄生的细菌交换基因。在细菌中，噬菌体之间的基因交换对进化起着重要催化作用。

"病毒感染病毒"这项发现同时也助长了关于病毒是否是生物的争论。很多科学家认为，病毒不符合生物的定义，因为他们无法脱离宿主细胞自行繁殖。然而，发现"人造卫星"病毒的实验室的病毒专家珍－米歇尔－克拉弗里（Jean－Michel－Claverie）认为，"人造卫星"病毒的发现证明病毒必然是有生命的——因为病毒也能生病。

弗莱明和青霉素

广角镜

青霉素的副作用

青霉素类的毒性很低，但较易发生变态反应，发生率约为 5%～10%。多见的为皮疹、哮喘、药物热、严重的可致过敏性休克而引起死亡。大剂量应用青霉素抗感染时，可出现神经精神症状，如反射亢进、知觉障碍、抽搐、昏睡等，停药或减少剂量可恢复。

青霉素是大家都很熟悉的一种药物，在药房都能买到各种青霉素的药膏、药片、针剂等。这是再平常不过的一种药物了。可是在青霉素还没有问世的时候，即使是普通的肺炎，也常常会夺去人们的生命。只要医生诊断是急性肺炎，几乎就等于宣判了死刑。直到青霉素用于临床以后，这个灾难才被解除。青霉素的作用还远不止于此，它作为消炎剂可治疗许多疾病，特别是那些革兰氏阳性菌所引起的疾病。然而，从自然界发现青霉素，直到用它服务于人类，经历了曲折的过程。

青霉素的发明者亚历山大·弗莱明于 1881 年出生在苏格兰的洛克菲尔德。弗莱明从伦敦圣马利亚医院医科学校毕业后，从事免疫学研究。后来在第一次世界大战中作为一名军医，研究伤口感染。他注意到许多防腐剂对人体细胞的伤害甚于对细菌的伤害，他认识到需要某种有害于细菌而无害于人体细胞的物质。

青霉素结构图

　　1928 年，弗莱明还是英国圣玛丽学院的细菌学讲师，10 多年中，他一直在苦苦探索着病菌引起疾病的秘密，寻求着消灭这些可怕病菌的方法。他在自己的实验室里，天天不停地忙碌着。

　　从 1928 年秋开始，弗莱明的研究工作转向了葡萄球菌。这是一种圆形小点样的细菌，常常聚集成串，就像串串葡萄一样，因此被称为葡萄球菌。这种病菌是人类许多疾病的祸首。弗莱明将各种养料配制成培养基，置于培养皿中，然后将葡萄球菌接种在培养基上，调节至适宜的温度保温培养。每天早晨，他都耐心地打开一个个培养皿，沾上一点细菌菌落涂在玻璃片上，小心地染上颜色，在显微镜下观察并作好记录。日复一日，弗莱明在重复单调的工作中积累着数据和资料。

亚历山大·弗莱明

　　当他打开培养皿沾取细菌时，碰巧会有在空气中飘浮的另一种细菌或生活力很强的霉菌会落到培养皿中的培养基上，这些讨厌的微生物在培养皿里快速地生长繁殖，妨碍了正常实验的进行。这种情形几乎在每一个细菌实验室里都曾经发生过，一般不是将它挑开就是连同整个培养基倒掉了事。但是，对新事物敏感的弗莱明，却没有轻易地放过这现象。1928 年的秋天来到了。一天早晨，弗莱明像往常一样，从许多个培养皿中，逐个地取出培养皿挑取葡萄球菌进行观察。这时，弗莱明的目光停在了一只被污染的培养皿上，一种来自空气的绿色霉菌落到培养皿里，并且生长繁殖起来了。弗莱明拿起这个培养皿对着亮光仔细地观察着，培养皿里的奇怪现象引起了他的注意：在绿色霉菌的周围，所有原先生长着的葡萄球菌全都消失了，留下了一圈空白的区域。

弗莱明在记录上仔细地记下了这个怪现象："是什么引起我的惊奇？就是在绿霉周围相当广大的区域里，葡萄球菌溶化了，从前长得那样茂盛，而现在只留下了一点枯痕！"

他反复地自问："为什么绿色的霉菌能致葡萄球菌于死地呢？"

弗莱明不愧是一个很有素养的微生物学家。早年，他就在人的眼泪和唾液里发现过一种抗菌物质——溶菌酶。而现在看到的

拓展阅读

葡萄球菌的分类

葡萄球菌根据生化反应和产生色素不同，可分为金黄色葡萄球菌、表皮葡萄球菌和腐生葡萄球菌三种。其中金黄色葡萄球菌多为致病菌，表皮葡萄球菌偶尔致病，腐生葡萄球菌一般不致病。60%～70%的金黄色葡萄球菌可被相应噬菌体裂解。

绿色霉菌，具有比溶菌酶强得多的杀菌能力，这深深地吸引了他。他立刻着手培养这种霉菌，并用霉菌的培养液滴入长满葡萄球菌的培养皿中，几个小时后，葡萄球菌就"全军覆没"了。弗莱明还将培养液稀释，直到稀释 800 倍，还具有良好的杀菌作用。接着他发现，这种霉菌是普通的面包菌——青霉菌，并将青霉菌产生的抗菌物质称为抗菌素。

古代人们就知道一些发霉的东西能消炎解毒。我国在 2000 多年以前就开始用豆腐上的霉来治疗疖、痈和某些化脓性皮肤感染。自巴斯德发现微生物以来，人们进一步认识到一些细菌能抑制或消灭另一些细菌。弗莱明通过试管和动物试验，发现青霉素对引起许多严重疾病的葡萄球菌、链球菌、肺炎球菌确有效果。但由于缺乏化学知识，弗莱明无法将液体培养基中的青霉素

提取出来，它就无法在实际中运用。青霉素的发现便只能停留在基础研究阶段。但他实在舍不得丢弃这株青霉菌，于是就耐心地把它在培养基上定期传代，这工作一干就是 10 多年。

基本小知识

第二次世界大战

第二次世界大战（简称二战），1939 年 9 月 1 日—1945 年 9 月 2 日，以德国、意大利、日本法西斯等轴心国（及保加利亚、匈牙利、罗马尼亚等国）为一方，以反法西斯同盟和全世界反法西斯力量为另一方进行的第二次全球规模的战争。从欧洲到亚洲，从大西洋到太平洋，先后有 61 个国家和地区，20 亿以上的人口被卷入战争，作战区域面积 2200 万平方千米。

直到 1939 年第二次世界大战爆发，欧亚大陆战火纷飞，英伦三岛也受到德国法西斯的军事威胁。磺胺类药物在治疗创伤感染和传染病方面渐渐显出了不足。牛津大学病理学院的弗洛里教授，这位同样也是在寻找抗菌物质的科学家，在查阅抗菌物质的文献时发现了弗莱明 10 年前发表的关于青霉素的良好抗菌作用。于是他联合了生物化学家钱恩等一批人，从弗莱明那里要来青霉菌株，开始向青霉素的提纯进军。他们的工作受到了美国洛克菲勒基金会的资助。

经过一年多的努力，他们终于得到了相当纯净的青霉素结晶。青霉素与 D—丙氨酰—丙氨酸的分子结构相似，在代谢过程中能与肽酶竞争结合，破坏粘肽的交叉结构，使细菌无法形成细胞壁。弗洛里和钱恩进行了大量的试管试验和动物试验，再次肯定了青霉素对多种病原菌具有强大的杀伤效力。多次反复的试验，也使他们在青霉素的特性、用法和制备方面积累了宝贵的经验。

1942 年，青霉素试用于在非洲作战的英军伤病员，取得了满意的效果。

在英国研究青霉素的结构和提纯的同时，美国也开始了大规模的研究，并很快地投入了生产。

1944 年，英美联军在法国诺曼底登陆，大量官兵受伤，这时青霉素大显神通，几乎药到病除，令人刮目相看。一位陆军少将称赞青霉素是治疗战伤的"里程碑"。而实际上，青霉素的功绩远远不止于在治疗战伤上。青霉素的应用，改革了传染病的治疗方法，引出了一门新的科学——抗生素学，推动了以后几十种抗菌素的发现和应用，有效地提高了人类的寿命，也是人类在生存斗争中的一大胜利。

知识小链接

诺曼底登陆

诺曼底登陆是第二次世界大战中盟军在欧洲西线战场发起的一场大规模攻势，战役发生在1944年6月6日早6时30分。这场战役在8月19日渡过塞纳—马恩省河后结束。诺曼底战役是目前为止世界上最大的一次海上登陆作战，牵涉接近三百万士兵渡过英吉利海峡前往法国诺曼底。

▶ 不明原因肺炎

"不明原因肺炎"是继SARS流行之后，卫生部为了更好地及时发现和处理SARS、人禽流感以及其他表现类似、具有一定传染性的肺炎而提出的一个名词。从严格意义上来说，"不明原因肺炎"不是一个严谨的医学概念，但作为筛选SARS、人禽流感等具有一定特殊临床表现和一定传染性的一类肺炎还是有一定意义的。它对及时发现可疑病例，早期发出预警并采取相应的防控措施，及早防范还是很有意义的。

不明原因肺炎病例是指同时具备以下四条不能做出明确诊断的肺炎病例：

1. 发热（≥38℃）。

2. 具有肺炎或急性呼吸窘迫综合征的影像学特征。

3. 发病早期白细胞总数降低或正常，或淋巴细胞分类计数减少。

4. 经抗生素规范治疗3~5天，病情无明显改善。

根据具体的流行病学特点和患者的高危因素又可以分为SARS预警病例和人禽流感预警病例。

符合下列情况之一的不明原因肺炎病病可定为SARS预警病例：地市级专

家组会诊不能排除 SARS 的不明原因肺炎病例；两例或两例以上有可疑流行病学联系的不明原因肺炎病例；重点人群发生不明原因肺炎病例；医疗机构工作人员中出现的不明原因肺炎病例；可能暴露于 SARS 病毒或潜在感染性材料的人员中出现的不明原因肺炎病例（如从事 SARS 科研、检测、试剂和疫苗生产等相关工作的人员）；接触野生动物的人员发生的不明原因肺炎病例。

疫情监测

　　符合以下情况之一的不明原因肺炎病例可定为人禽流感预警病例：接触禽类的人员（饲养、贩卖、屠宰、加工禽类的人员，兽医以及捕杀、处理病死禽及进行疫点消毒的人员等）中发生的不明原因肺炎病例；可能暴露于禽流感病毒或潜在感染性材料的人员中出现不明原因肺炎病例；已排除 SARS 的不明原因的肺炎死亡病例。

广角镜

军团杆菌名称的由来

　　军团杆菌系需氧革兰氏阴性杆菌，以嗜肺军团菌最易致病。现已提出了超过 30 种军团杆菌，至少 19 种是人类肺炎的病原。1976 年美国费城退伍军人协会会员中曾爆发急性发热性呼吸道疾病，是已知的首次爆发。当时 221 人感染疾病，其中死亡 34 人。由于大多的死者都是军团成员，因此称为军团病或退伍军人症。

　　当然，不明原因肺炎除 SARS 和禽流感外，也可能会包括其他的一些病原引起的肺炎，例如军团菌肺炎、其他病毒引起的肺炎等。

　　SARS 和禽流感主要通过呼吸道传播。2002—2003 年的 SARS 流行引起了很多病例，主要原因是人与人之间传染性较强，并且主要途径是呼吸道传播的缘故。关于 SARS 病毒的溯源工作，目前虽然开展了一些工作，但其确切的来源尚不清楚。

某些野生动物可能是其来源之一。近一年多来，虽然未再发现新的 SARS 病毒

感染，但也许某一天，SARS 病毒会卷土重来。因此，仍应保持高度的警惕。

禽流感的传染源主要为患禽流感或携带禽流感病毒的鸡、鸭、鹅和鹌鹑等家禽，因此从事禽类饲养、加工或不恰当食用的人员容易被感染而发病。野禽虽然不容易直接引起人类发病，但可以通过候鸟的长途迁徙，进行远距离的传播。禽流感的传播途径主要经呼吸道传播，通过密切接触感染的禽类及其分泌物、排泄物、受病毒污染的水等，目前尚无人与人之间传播的确切证据。

根据卫生部的定义，不明原因肺炎一般病情比较重，常常发生急性呼吸窘迫综合征，因此病死率一般比较高。SARS 的病死率一般在 10% 左右，而人禽流感的病死率在 60% 以上。

SARS 的预防主要是对相应的高危人群进行监测，临床提高警惕，及时发现病例，做到"早诊断、早隔离、早报告和早治疗"。个人要加强防护意识。接触可疑的患者应做好呼吸道防护，例如保持房间通风、戴口罩等。

禽流感的预防目前重在禽类流感的防治。对于可疑的禽类死亡要早报告，做好隔离工作。对家禽应进行免疫。发现疫情要及时隔离，并进行禽类的捕杀。尽量减少与禽类接触，勿食病死鸡。有条件时可以接种禽流感疫苗，目前人禽流感疫苗正在研究中，市场上尚无临床可用的禽流感疫苗。如果必须接触病禽或患禽流感的患者，一定要做好个人防护，保持房间通风、戴好口罩和洗手等。

你知道吗

什么是营养支持

营养支持是指为治疗或缓解疾病，增强治疗的临床效果，而根据营养学原理采取的膳食营养措施，又称治疗营养。所采用的膳食称治疗膳食，其基本形式一般包括治疗膳、鼻饲、管饲膳、要素膳与静脉营养。是维持与改善器官、组织、细胞的功能与代谢，防止多器官功能衰竭发生的主重要措施。

SARS 和禽流感的治疗，一方面可以使用抗病毒药物；另一方面是进行生命支持治疗，使患者获得康复的机会。另外要加强对症和营养支持治疗。

人类的遗传病

人类有一种病叫镰型细胞贫血症，患者的血液中红细胞不是正常的圆饼形，而变成了奇特的镰刀型或新月形。科学家发现变化的原因是由于控制红细胞中血红蛋白的基因发生了突变，即 DNA 分子上改变了一个核苷酸，CTT 变成了 CAT，这样血红蛋白分子中由 CTT 决定的谷氨酸的位置被 CAT 决定的缬氨酸所取代。镰刀型或新月形的红细胞纠缠在一起，造成小血管阻塞。小血管阻塞造成全身肌肉、关节、骨骼和某些内脏器官等许多部位疼痛，甚至剧痛。中国古代医书上说："不通则痛，通则不痛"。此外，又因镰刀型红细胞很容易被脾脏破坏而产生贫血，同时还会造成组织缺氧缺血以至坏死。不仅如此，这些症状还会造成恶性循环：越是缺血缺氧，红细胞"镰变"越严重，血管阻塞和随之出现的组织损害就愈加剧。类似镰型细胞盆血症的这种由于基因遗传中的突变产生的病症，称为遗传病。

遗传病分为单基因遗传和多基因遗传病。

单基因遗传病（一种病由 1 对基因决定）有 6000 多种，并且每年都在增加种类，如家族性多发性结、成骨不全症、牛皮癣、高胆固醇血症、多囊肾、神经纤维瘤、视网膜母细胞瘤、腓肌萎缩症、软骨发育不全、上睑下垂、全身自化、着色性干皮病、鱼鳞症、眼球震颤、视网膜色素变性、抗维生素 D 佝偻病等。

拓展阅读

脾脏的功能

脾的组织中有许多称为"血窦"的结构，平时一部分血液滞留在血窦中，当人体失血时，血窦收缩，将这部分血液释放到外周以补充血容量。血窦的壁上附着大量巨噬细胞，可以吞噬衰老的红细胞、病原体和异物。脾脏是机体最大的免疫器官，含有大量的淋巴细胞和巨噬细胞，是机体细胞免疫和体液免疫的中心，通过多种机制发挥抗肿瘤作用。

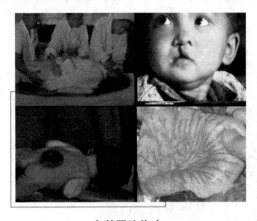

多基因遗传病（每种病由多对基因和环境因素共同作用），病种虽不多，但发病率高，多为常见病和多发病。如原发性高血压、支气管哮喘、冠心病、糖尿病、类风湿性关节炎、精神分裂症、癫痫、先天性心脏病、消化性溃疡、下肢静脉曲张、青光眼、肾结石、脊柱裂、无脑儿、唇裂、腭裂、畸形足等。

多基因遗传病

其特点是：①家族聚集；②受环境影响较大。人群中受累人数占20%左右。

染色体病（染色体异常所致的遗传病）近500种，如先天愚型（伸舌样痴呆）、原发性小睾症、先天性卵巢发育不全症、两性畸形等。人群中受累人数占1%左右。

目前减少遗传病一个最为有效的方法就是提倡和实行优生。

1. 禁止近亲结婚，可以大大降低隐性遗传病的发生概率。

2. 进行产前诊断。

3. 有遗传病史的夫妻还要进行遗传咨询，主要要调查家族史。

4. 在适合的生育年龄生育（24～29周岁）。

你知道吗

什么是优生

优生起源于英国，意思为"健康遗传"。它主要是研究如何用有效手段降低胎儿缺陷发生率。现在优生已经成为一项国家政策，其主要的内容是控制先天性疾病新生儿，以达到逐步改善和提高人群遗传素质的目的。目前，我国开展优生工作主要有如下几点：禁止近亲结婚，进行遗传咨询，提倡适龄生育和产前诊断等。

✒ DNA 指纹技术

　　DNA 指纹指具有完全个体特异的 DNA 多态性，其个体识别能力足以与手指指纹相媲美，因而得名。可用来进行个人识别及亲权鉴定。

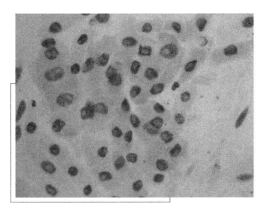

DNA 指纹

　　1984 年英国莱斯特大学的遗传学家杰弗里斯（Jefferys）及其合作者首次将分离的人源小卫星 DNA 用作基因探针，同人体核 DNA 的酶切片段杂交，获得了由多个位点上的等位基因组成的长度不等的杂交带图纹，这种图纹极少有两个人完全相同，故称为"DNA 指纹"，意思是它同人的指纹一样是每个人所特有的。DNA 指纹的图像在 X 光胶片中呈一系列条纹，很像商品上的条形码。DNA 指纹图谱，开创了检测 DNA 多态性（生物的不同个体或不同种群在 DNA 结构上存在着差异）的多种多样的手段，如 RFLP（限制性内切酶酶切片段长度多态性）分析、串联重复序列分析、RAPD（随机扩增多态性 DNA）分析等等。各种分析方法均以 DNA 的多态性为基础，产生具有高度个体特异性的 DNA 指纹图谱，由于 DNA 指纹图谱具有高度的变异性和稳定的遗传性且仍按简单的孟德尔方式遗传，成为目前最具吸引力的遗传标记。

　　DNA 指纹具有下述特点：①高度的特异性。研究表明，两个随机个体具有相同 DNA 图形的概率仅 3×10^{-11}；如果同时用两种探针进行比较，两个个体完全相同的概率小于 5×10^{-19}。全世界人口约 50 亿，即 5×10^{9}。因此，除非是同卵双生子女，否则几乎不可能有两个人的 DNA 指纹的图形完全相同。②稳定的遗传性。DNA 是人的遗传物质，其特征是由父母遗传的。分析发现，DNA 指纹图谱中几乎每一条带纹都能在其双亲之一的图谱中找到，这种带纹符合经典的孟德尔遗传规律，即双方的特征平均传递 50% 给子代。③体细胞稳定性。同一个人的不同组织如血液、肌肉、毛发、精液等产生的 DNA 指纹图形完全一致。

1985 年杰里弗斯（Jefferys）博士首先将 DNA 指纹技术应用于法医鉴定。1989 年该技术获美国国会批准作为正式法庭物证手段。我国警方利用 DNA 指纹技术已侦破了诸多疑难案件。DNA 指纹技术具有许多传统法医检查方法不具备的优点，如它从 4 年前的精斑、血迹样品中，仍能提取出 DNA 来作分析。如果用线粒体 DNA 检查，时间还将延长。此外可用于千年古尸的鉴定，如在俄国革命时期被处决沙皇尼古拉的遗骸以及在一次意外事故中机毁人亡的已故美国商务部长布朗及其随行人员的遗骸鉴定，都采用了 DNA 指纹技术。

此外，它在人类医学中被用于个体鉴别、确定亲缘关系、医学诊断及寻找与疾病连锁的遗传标记。在动物进化学中可用于探明动物种群的起源及进化过程。在物种分类中，可用于区分不同物种，也有区分同一物种不同品系的潜力。在作物的基因定位及育种上也有非常广泛的应用。

DNA 指纹图谱法的基本操作：从生物样品中提取 DNA（DNA 一般都有部分的降解），可运用 PCR 技术扩增出高可变位点（如 VNTR 系统，串联重复的小卫星 DNA 等）或者完整的基因组 DNA，然后将扩增出的 DNA 酶切成 DNA 片段，经琼脂糖凝胶电泳，按分子量大小分离后，转移至尼龙滤膜上，然后将已标记的小卫星 DNA 探针与膜上具有互补碱基序列的 DNA 片段杂交，用放射自显影便可获得 DNA 指纹图谱。

琼脂糖凝胶电泳是分离、鉴定和纯化 DNA 片段的常规方法。利用低浓度的荧光嵌入染料——溴化乙锭进行染色，可确定 DNA 在凝胶中的位置。如有必要，还可以从凝胶中回收 DNA 条带，用于各种克隆操作。琼脂糖凝胶的分辨能力要比聚丙烯酰胺凝胶低，但其分离范围较广。用各种浓度的琼脂糖凝胶可以分离长度为 200 碱基对至近 50 千个碱基对的 DNA。长度 100 千个碱基对或更大的 DNA，可以通过电场方向呈周期性变化的脉冲电场凝胶电泳进行分离。

在基因工程的常规操作中，琼脂糖凝胶电泳应用最为广泛。它通常采用水平电泳装置，在强度和方向恒定的电场下进行电泳。DNA 分子在凝胶缓冲液（一般为碱性）中带负电荷，在电场中由负极向正极迁移。DNA 分子迁移的速率受分子大小、构象、电场强度和方向、碱基组成、温度及嵌入染料等因素的影响。

基本
小知识🖰

电 泳

带电颗粒在电场作用下，向着与其电性相反的电极移动，称为电泳。利用带电粒子在电场中移动速度不同而达到分离的技术称为电泳技术。1936 年瑞典学者蒂塞利乌斯设计制造了移动界面电泳仪，分离了马血清白蛋白的 3 种球蛋白，创建了电泳技术。

▶ 近亲为什么不宜婚配

大多数人都明白这样一个道理：近亲不宜婚配，然而具体的原因许多人并不知晓。其实，只要懂得一些遗传学的知识，这个问题是不难找到答案的。先让我们来了解一下两个基本概念：显性遗传和隐性遗传。凡是显性基因控制的性状或疾病，其传递方式叫显性遗传。由显性基因控制的性状，在后代中要表现出来。凡是隐性基因控制的性状或疾病，称为隐性遗传。只有当隐性基因纯合时，它所控制的性状才能表现出来。对于这个原理，人和动植物是完全相同的。孟德尔遗传定律不仅适用于动植物，而且在人类正常性状或遗传病的传递中也同样适用。

人类有一种叫做"白化病"的疾病，由于缺乏色素，头发和汗毛都是白的，皮肤也是白的，眼珠呈淡红色。这种性状在遗传上是隐性。如果父母双方都没有白化病，而在子女中却出现了白化病，那么父母双方就一定都是白化病基因的杂合体。人类中还有一种"智力障碍"病患者。这些人从小智力就特别差，被称为"智力障碍"，也是一种隐性遗传病，其遗传规律和白化病完全相同。

人类中像白化病和"智力障碍"这样的遗传病种类还很多，遗传规律和这两种疾病相同：由于某一隐性基因成为纯合体，使这不良的隐性基因的作

用得以表现。但是对某一个隐性基因来说，在人类中的数目毕竟不是太多，因此，必须父母两人都是这个基因的杂合体，才有可能让它在子代中表现出来。

明白了显性遗传和隐性遗传的原理后，让我们再来看看近亲为什么不宜婚配。

事实上，在古代人们从无数事实中得出结论，血缘关系很近的男女结婚，生育力往往较低，或者后代死亡率较高，或者后代中常常出现畸形或遗传疾病。所以我国春秋战国时代的典籍中就有"男女同姓，其生不蕃"的说法。在西方，罗马皇帝狄奥西多一世就曾严令禁止近亲结婚，违者判罪，甚至处死。犹太人的宗教法律中禁止 43 种亲戚结婚。由此可见，古人虽然不懂得遗传学规律，但是他们从多年的生活实践中确认了"近亲不宜婚配"这个事实。

从现代遗传学角度来讲，更容易说明"近亲不宜婚配"的道理。血缘比较接近的男女，例如表（堂）兄妹，比无亲戚关系的人更容易携带相同的基因，因为他们是从一个共同祖先那里接受到它的。如果一个男人（或女人）是某一不良基因的杂合体，这个不良基因可能传给他的（或她的）儿子或女儿。如果儿子又传给孙子、孙女，女儿又传给外孙、外孙女，然后表兄妹结婚，那么在他们的后代中，就有可能使隐性基因纯合而表现出相应的隐性性状。从理论上讲，表兄妹或堂兄妹携带相同基因的概率是1/8，而无亲戚关系的两个人，携带相同基因的概率要比 1/8 小得多。近亲结婚，倾向于把存在于杂合体的隐性基因变成纯合的，因而使它们所控制的隐性性状变成公开的。

现代遗传学表明，近亲结婚的后果十分严重。近亲结婚容易造成下一代白化病、智力障碍、隐性聋哑、先天性全色盲等遗传性疾病。大量研究资料表明，近亲结婚其子代遗传病的发病率比非近亲结婚子代的发病率高十几倍甚至几十倍。这是因为，在正常人之中，每个人都有可能携带五六种隐性遗传疾病基因，如果夫妻双方携带有相同的隐性遗传基因，那么他们的后代有1/4 的可能性发病。

达尔文（C. R. Darwin）家庭的不幸，就是近亲结婚造成危害的典型例子。我们知道，一代伟人达尔文由于创立了进化论而闻名于世，事业上可谓是成就显赫，然而他的家庭却并不幸福。他的妻子埃玛是他舅父的女儿。达尔文夫妇有 3 个孩子早年夭折，另外两儿一女婚后都无子女，二儿子乔治、三儿子·弗朗西斯、五儿子·霍勒斯，虽然都成为著名的科学家，但是他们和他们的姐妹伊丽莎白，都患有程度不同的精神病。江苏省东台县计划生育办公室曾在 54 万人中进行了调查，近亲婚配共有 3355 对，所生育的 5227 个子女中，智力低下者有 980 人，占 18.8%，而随机婚配的子女中，智力受到影响的仅占 0.13%。前者的患病率是后者的 144.6 倍。根据国际卫生组织的统计，近亲结婚的后代中有 8.1% 患有遗传疾病。

知识小链接

达尔文

　　查尔斯·罗伯特·达尔文，英国生物学家，进化论的奠基人。他曾乘贝格尔号舰作了历时 5 年的环球航行，对动植物和地质结构等进行了大量的观察和采集。他出版的《物种起源》这一划时代的著作，提出了生物进化论学说，从而摧毁了各种唯心的神造论和物种不变论。除了生物学外，他的理论对人类学、心理学及哲学的发展都有不容忽视的影响。

　　另外，近亲结婚所生子女早死率高。据有人对聚居在云南西双版纳傣族自治州景洪县基诺族的调查显示，由于这里直到解放初期仍沿用族内婚配的婚姻制度，人口一直不繁盛。如巴果塞，直至 20 世纪 50 年代，仍是一个血缘村寨，他们除兄弟姊妹以外都可以通婚，因此所生子女大多早早夭亡。又据美国一份调查报告显示：堂、表兄妹结婚的子女早死率达 22.4%。

　　近亲结婚，所生后代往往个子矮小。近年来，在南美洲的哥伦比亚和委内瑞拉交界处的森林里，发现了身材矮小的"尤卡斯"部落。由于他们有史以来实行近亲婚配，结果人种矮小，都不到 1 米，有的仅 0.6～0.8 米。我国西双版纳景洪县的基诺族人的身材也比较矮小，男子身高约在 1.56 米，女子约为 1.46 米。

　　无论是遗传定律还是严峻的事实都有力地说明近亲是不宜婚配的。

什么是胚胎工程

胚胎工程主要是对哺乳动物的胚胎进行某种人为的工程技术操作，然后让它继续发育，获得人们所需要的成体动物的新技术。实际上是动物细胞工程的拓展与延伸。早在 1891 年，英国剑桥大学的赫普就在兔子身上首次成功地进行了受精卵的移植实验。到 20 世纪 30 年代，这项技术已在畜牧业上获得了越来越明显的效益。进入 20 世纪 70 年代，出现了专门从事受精卵移植的企业。高等动物的受精卵移植又叫"家畜胚胎移植"。它是将优良种畜的早期胚胎从供体母畜体中取出来，移到受体母畜输卵管或子宫中，"借腹怀胎"繁殖优良牲畜的技术。胚胎工程在此基础上发展起来。发育工程采用的新技术包括：

1. 胚胎冷冻技术。为便于长途运输和随时供移植使用，将那些 6~7 日龄已有 20~30 个细胞的新鲜活胚胎（或分割后的半胚胎、1/4 胎）在 -196℃ 的超低温下冷冻贮存。这是在冷冻精子的技术基础上进一步发展起来的一项新技术。目前用冷冻胚胎移植的成功率为鲜胚胎的70%~80%。

2. 胚胎分割技术。为成倍甚至成数倍地提高优良胚胎移植后所得到的成体数，用显微外科的手术方法将一个胚胎分割为 2 个或多个，制造同卵多仔。国内外科学家们已在鼠、兔、牛、羊、猪的胚胎分割上取得了成功。

基本小知识

显微外科

显微外科是研究利用光学放大设备和显微外科器材，进行精细手术的学科。从广义来说，显微外科不是某个专科所独有，而是手术学科各有专业都可采用的一门外科技术甚至可以从该专业分出专门的分支学科，如妇科显微镜外科、泌尿显微镜外科、神经显微镜外科等。

3. 胚胎融合技术。就是将两个除去表层的透明带的不同品种或不同种的胚胎粘合在一起，或将两个裸胚各切一半，分别合成两个新的嵌合体胚胎。

然后将新合成的胚胎移植到受体母畜体内让其继续发育形成一种嵌合体的新后代。

4. 卵核移植技术。将一个早期胚胎的卵裂球分离成几十个具有相同的遗传基因的卵细胞，然后把这些卵细胞核分别注入到受体母畜的去了核的受精卵中，获得从同一个优良品种卵繁殖出来的性状相同的许多仔畜。这是细胞核移植技术的一种，但它与前面讲到的植物细胞核质移植不尽相同。

5. 体外受精技术。用采集的供体家畜的精子与卵子在试管中进行受精，并培育成胚胎，再移植到受体母畜体内进行继续发育，生产出叫做"试管仔畜"的技术。这项技术在人医上发展很快。目前，国内外已有不少"试管婴儿"，而在动物繁育上成功的还不太多。

6. 胚胎性别鉴定技术。就是在不影响移植发育的前提下，将供移植胚胎上的细胞，取下少许，用电泳法、HY 抗法法、DNA 探针法以及离心分离法等先进技术进行性别鉴定，以便按需要控制繁育新仔畜的性别。

广角镜

生长激素早起研究历史

科学家早在 1920 年就知道了生长激素的存在，但直到 1958 年才被用于临床治疗。直到 1986 年美国礼来大药厂通过同样的基因工程方法，成功地制造出了 191 个氨基酸的生长激素。1985 年，基于对生长激素的多年研究和广泛深入的临床实验，美国威斯康辛医学院的罗德曼博士在《美国抗衰老协会杂志》上首次正式提出一个有关人体衰老原因的崭新理论。

7. 基因导入技术。就是将外源基因注入性细胞或胚胎，以改进家畜基因组型，培育具有新的性状的仔畜。1982 年美国 4 个实验室把大鼠的生长激素基因，注射到小鼠的受精卵内，培育出的转基因小鼠生长加快，体重相当于原种小鼠的 2 倍，被叫做"超级小鼠"。它所具有的新性状，还可以遗传给后代。1983 年英国剑桥大学的科研人员首先将山羊和绵羊杂交成功，这种山绵羊，头上长有山羊角，身体长得又如绵羊，但这种山绵羊和骡子一样，不能繁衍后代。各国的科学家们寄希望用这项技术培育出"超级家畜"或某些"微型动物"以适应人们各种不同的需要。

生物化学在工农业的应用

生物化学是在农业、工业的生产实践的推动下成长起来的，反过来，它又促进了这些部门生产实践的发展。

比如在农业方面，生物化学可用于筛选和培育农作物良种所进行的生化分析，家鱼人工繁殖时使用的多肽激素；喂养家畜的发酵饲料等。随着生化研究的进一步发展，不仅可望采用基因工程的技术获得新的动、植物良种和实现粮食作物的固氮，而且有可能在掌握了光合作用机理的基础上，使整个农业生产的面貌发生根本的改变。在工业方面，生物化学在发酵、食品、纺织、制药、皮革等行业都显示了威力。例如皮革的鞣制、脱毛，蚕丝的脱胶，棉布的浆纱都用酶法代替了老工艺。

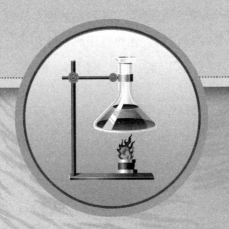

什么是蛋白质工程

蛋白质工程是新一代的生物工程。蛋白质工程的中心内容是改造现有的蛋白质，生产新的、自然界并不存在的蛋白质来满足人们的需求。这些蛋白质主要是酶。

高新技术的日新月异实在令人赞叹不已。基因工程、细胞工程、发酵工程、酶工程这四大支柱已经被归入"上一代""老一代"了。

知识小链接

细胞工程

细胞工程是生物工程的一个重要方面。总的来说，它是应用细胞生物学和分子生物学的理论和方法，按照人们的设计蓝图，进行在细胞水平上的遗传操作及进行大规模的细胞和组织培养。当前细胞工程所涉及的主要技术领域有细胞培养、细胞融合、细胞拆合、染色体操作及基因转移等方面。通过细胞工程可以生产有用的生物产品或培养有价值的植株，并可以产生新的物种或品系。

这些"上一代""老一代"的生物工程确实还存在缺陷，还有许多问题需解决。问题之一便是产品的不稳定性。T4 溶菌酶便是一例。又如，人们寄托了很大希望的抗肿瘤、抗病毒药物，遇热也极易变性，在 $-70℃$ 的低温条件下也只能保存很短的时间。问题之二是产品的副作用。例如，用小鼠细胞培养、生产的单克隆抗体，进入人体后一方面表现出强大的药理作用；一方面却会引起免疫反应，因为它毕竟是异体蛋白。此外，生物工程的许多产品还存在着活性低、提纯困难等问题，这些问题正是蛋白质工程的攻关对象。

要改造一种蛋白质，大致要经过以下几个阶段：

1. 通过计算机图像分析，找出蛋白质整体结构中足以使某个性能发生改变的部位，或者说在氨基酸长链中找个关键的氨基酸。然后确定这个氨基酸需要如何加工修饰，或者干脆用哪一个氨基酸来代换。

2. 找到生物细胞中指导合成这种蛋白质的 **DNA** 片段，并找出与那个关键氨基酸相对应的碱基，经过分析后用另一个碱基来取代它。这个繁琐的过程也少不了计算机的帮助。

3. 将改造过的 **DNA** 片段移植到细菌、酵母菌或其他微生物体内，经过培养，筛选出能"分泌"出理想的新蛋白质的菌株，再运用发酵工程大量生产这种新蛋白质。

以上说的仅仅是蛋白质工程一种比较有代表性的生产过程，对这个过程的描述也是极其粗略的。然而，它大概已经能表明，蛋白质工程集中了生物工程的精粹，而且还是计算机技术和现代生物技术杂交生成的宠儿。

拿计算机图像显示来说，它显示的不光是氨基酸排列顺序，不光是氨基酸长链如何缠绕、盘旋的立体结构，还要显示出每个氨基酸的受力情况——在哪些相邻分子的引力下处于平衡状态。更进一步地，它还要显示如果某个氨基酸发生改变，这一平衡状态将会如何变化，对整个蛋白质的功能将会有什么样的影响。如果没有现代计算机技术，这一切都是难以想象的。

蛋白质工程问世还不久，取得的成果已经令人刮目相看。

那种 **T4** 溶菌酶，蛋白质工程得以妙手回春，将它的 3 位异亮氨酸换成半胱氨酸，再跟 97 位半胱氨酸联接起来。这样，它在 67℃下反应 3 小时后，活性丝毫未减。在 − 70℃ 的低温下难以保存的干扰素，经蛋白质工程的点化，胱氨酸被换成丝氨酸，一下子变得可以保存半年之久了。

一种生产中很有用的酪氨酸转移核糖核酸酶，只是在一个位点上：用脯氨酸取代了苏氨酸，催化能力一下子提高了 25 倍。

对于用小鼠细胞培养生产的单克隆抗体，专家们已经提出了"开刀方案"，打算把它整修得更接近于人的抗体，以减轻副作用。

蛋白质工程不仅要对那些生物工程的产品进行再加工，还要对一些纯天然的蛋白质进行模拟和改造。

例如，那柔软、飘逸的蚕丝，那蓬松、暖和的羊毛，那纤细、坚韧的蛛丝，它们本质上都是蛋白质。对它们进行模拟和改造，再实现大量生产，将会获得性能比蚕丝、羊毛、蛛丝更优异的材料，改善我们的生活条件。

浏览一下对蛋白质工程的众多评价是很有意思的。

有人称它是第二代生物工程，有人称它是第二代基因工程，有人说它

"曙光初露",有人说它"前途无量"。

蛛丝与蚕丝比较

蛋白丝(蚕丝、蜘蛛丝)都用作医用生物材料的研究,蚕丝的不足之处是强度不够高和弹性性能有限。蛛丝的强度和弹性比蚕丝高很多,它是目前已知的天然动物纤维丝中强度和弹性最高的一种蛋白纤维。蛛丝的延伸度可以达到130%而不断裂。同时它还具有耐湿性和耐低温性能,蛛丝在零下50°~60°的低温下仍能保持高弹性和防菌防霉的特性。

20世纪80年代,有人将"21世纪是生物学的世纪"这句话改成"21世纪是生物工程的世纪";20世纪90年代,又有人指出"21世纪是蛋白质工程的世纪"。

众多人们的关注和瞩目才会引出众多的评价。众多评价至少传递出一条信息:蛋白质工程充满魅力,充满希望。在近几年内,蛋白质工程可能会取得更多的突破,又将会招来许多新的评价,我们期待着。

基因技术与农作物

基因工程应用的另一个主要方向是利用基因移植技术定向改造农作物的遗传特性,使其按照人们预期的设想发育。自然界中有些细菌具有抗除草剂、耐高温、耐盐碱、耐干旱等性能,这些性状正是农作物所缺乏的。把细菌的这些性能,通过基因移植技术移植到农作物上,将从根本上提高农作物抵抗病虫害的能力。1982年,美国孟山都公司和比利时根特大学的科学家,分别成功地把细菌抗卡那霉素基因移植到向日葵、烟草和胡萝卜等农作物的细胞中,使这些作物获得了很强的抗卡那霉素的能力。科学家们认为,这是利用基因工程技术改变农作物性状的一个重大突破。1986年,比利时一个遗传科学家小组把能产生杀死昆虫幼虫毒素的苏云金杆菌基因成功地移植到烟草细胞中。害虫幼虫吃了这些带有苏云金杆菌基因的烟草,两天以后就会身体麻痹而死。这种烟草还能把这种抵抗力一代一代地遗传下去。

人类的基本食物是以农作物为主的粮食。然而,低蛋白的粮食难以满足人类对蛋白质的需求。当前全世界每年缺少蛋白质 4000 万吨。在粮食中谷类作物的蛋白质含量大约只有 10%。而豆类作物的蛋白质含量就很高，大豆的蛋白质含量高达 40%。如果能把豆类中与蛋白质合成有密切关系的基因移植到别的农作物细胞里，就可提高这些农作物的蛋白质含量。1981 年 6 月，美国威斯康辛大学的肯普与霍尔领导的研究人员，利用基因移植技术，从菜豆里取出了一个产生蛋白质的基因，把它拼接到根瘤杆菌 Ti 质粒运载体中，通过正常的转入机理，把菜豆蛋白质基因转移到向日葵细胞里。科学家们正利用组织培养方法，使这个新类型"向日葵豆"细胞能再生出"向日葵豆"植株来，并期待它能生产出大量的豆类蛋白质。

1985 年，中国的一位留学生在美国期间，把大豆的一种主要贮藏蛋白质的基因移植到一种叫做矮牵牛的植物体中。后来，他在这种矮牵牛的种子里检验出了大豆的蛋白质。这说明大豆的蛋白质基因控制矮牵牛生产出大豆蛋白。这些成果表明，利用基因移植技术来提高农作物的蛋白质含量具有极大的发展前景。

▶ 现代发酵工程

20 世纪 70 年代，基因重组技术、细胞融合等生物工程技术的飞速发展，为人类定向培育微生物开辟了新途径，微生物工程应运而生。通过 DNA 的组装或细胞工程手段，按照人类设计的蓝图创造出新的"工程菌"和超级菌。然后通过微生物的发酵生产出对人有益的物质产品。

在生物界中，微生物的比表面积（表面积与体积之比）、转化能力、繁殖速度、变异与适应性、分布范围等 5 项指标超出所有生物之上，因而具有极强的自我调节、环境适应和自我增殖能力。在适宜的条件下，细菌 20 分钟即可繁殖一代，24 小时后，一个细胞可繁殖成 4 万亿个细胞，细菌比植物繁殖率快 500 倍，比动物快 2000 倍。

传统的发酵技术，与现代生物工程中的基因工程、细胞工程、蛋白质工程和酶工程等相结合，使发酵工业进入到微生物工程的阶段。

微生物工程包括菌种选育、菌体生产、代谢产物的发酵以及微生物机能的利用等。

现代微生物工程不仅使用微生物细胞，也可用动植物细胞发酵生产有用的产品。例如利用培养罐大量培养杂交瘤细胞，生产用于疾病诊断和治疗的单克隆抗体等。

生物工程和技术被认为是 21 世纪的主导技术，作为新技术革命的标志之一，已受到世界各国的普遍重视。生物工程将为解决人类所面临的环境、资源、人口、能源、粮食等危机和压力提供最有希望的解决途径，但生物工程真正能应用于工业化生产的，主要还是微生物工程（发酵工程）。基因工程、细胞工程、酶工程、单克隆抗体和生物能量转化等高科技成果，也往往通过微生物才能转化为生产力。

与传统化学工业相比，微生物工程有以下优点：

1. 以生物为对象，不完全依赖地球上的有限资源，而着眼于再生资源的利用，不受原料的限制。

2. 生物反应比化学合成反应所需的温度要低得多，同时可以简化生产步骤，实行生产过程的连续性，大大节约能源，缩短生产周期，降低成本，减少对环境的污染。

3. 可开辟一条安全有效地生产价格低廉、纯净的生物制品的新途径。

4. 能解决传统技术或常规方法所不能解决的许多重大难题，如遗传疾病的诊治，并为肿瘤、能源、环境保护提供新的解决办法。

5. 可定向创造新品种、新物种，适应多方面的需要，造福于人类。

6. 投资小，收益大，见效快。

微生物工程正逐渐形成一股引起工业调整和社会结构改革的力量。因此，世界各国政府纷纷把微生物发酵工程列入本国科学技术优先开发的项目。

◑ 探索发酵现象

很早的时候人们就已经会利用酵母菌将葡萄糖发酵成乙醇和二氧化碳，发展了酿酒、制造工业酒精以及面包制造业。我国特有的普洱茶也是在漫长的茶马古道上由微生物的发酵作用而诞生的。虽然人们很早就开始利用发酵，但是对其现象与本质的研究直到 19 世纪后半叶才开始,并经历了长期的争论才得到阐明。

1897 年,德国的汉斯和爱德华俩兄弟,开始制作不含细菌的酵母浸入液供药用,当取得了汁液后,为了防止腐败,选择了日常惯用的蔗糖作防腐剂,于是就有了重大的发现的开端。酵母菌的榨液居然引起了蔗糖发酵。这是第一次发现没有活酵母存在的发酵现象。从此开始了研究没有活细胞参加的酒精发酵的新纪元。

以上实验还发现,新鲜酵母的发酵液远不如活酵母菌的发酵能力。如果将榨液在 30℃ 条件下干燥,仍能保持发酵能力,但是若将发酵液加热至 50℃ 以上,便会失效。这些都表明发酵力与酶有关。此外,亚瑟·汉登和威廉姆·杨将新鲜的酵母液加到 pH 值为 5~6 的葡萄糖溶液中,如果再加入一些磷酸,发酵就又恢复起来,加进去的无极磷酸也慢慢消失了。这种现象使人们想到可能形成了有机磷酸酯。以后的实验证明,这些磷酸酯是葡萄糖与无机磷酸作用的结果。

广角镜

人与乳酸

对于人的身体来说,乳酸是疲劳物质之一,是身体在保持体温和肌体运动而产生热量过程中产生的废弃物。我们身体生存所需要的能量大部分来自于糖分。血液按照需要把葡萄糖送至各个器官燃烧,产生热量。这一过程中会产生水、二氧化碳和丙酮酸,丙酮酸和氢结合后生成乳酸。如果身体的能量代谢能正常进行,不会产生堆积,将被血液带至肝脏,进一步分解为水和二氧化碳,产生热量,疲劳就消除了。

这些磷酸酯是怎样形成的?又是怎样转变成乙醇和 CO_2 的呢?阐明这些问题又经历了几十年的光景,通过不同国别科学家的共同努力才得以解决。亚瑟·汉登和威廉姆·扬还发现,酵母榨液经透析后就失去了发酵能力。向透析剩下的液体中加入少量透析液和煮沸过的使酶失活的榨液,发酵能力就能得到恢复。这表明酵母菌榨液包括两类重要物质:一类是不耐热的、不能透析的酶;另一类是耐热的、可以透析的物质,命名为发酵辅酶,后来又进一步证明了发酵辅酶是烟酰胺嘌呤二核苷酸(NAD 或称辅酶 I)和腺嘌呤核苷酸的混合物,此外还有 ADP、ATP 以及金属离子。

以上这些基本的研究以及随后发现的肌肉提取液能使葡萄糖发生酵解作用而产生乳酸的研究，促使 19 世纪 30 年代德国生物化学家对酵解更深入的研究。

生物制品

用基因工程、细胞工程、发酵工程等生物学技术制成的免疫制剂或有生物活性的制剂可用于疾病的预防、诊断和治疗。

生物制品不同于一般医用药品，它是通过刺激机体免疫系统产生免疫物质（如抗体）才发挥其功效，在人体内出现体液免疫、细胞免疫或细胞介导免疫。通过基因工程技术改造的大肠杆菌可产生某种病毒的抗原，酵母菌可经过基因重组而产生乙型肝炎表面抗原，重组痘苗病毒也可产生乙型肝炎表面抗原。细胞工程杂交瘤技术问世，杂交瘤细胞可以分泌抗体，所以抗体不一定要免疫动物的血清等。这样就打破了生物制品的传统概念，而是菌苗不一定要用细菌，疫苗不一定要用病毒，血清的产品不一定要用血液。

中国生物制品事业基本可满足控制传染病流行的需要，但仍落后于某些发达国家。生物制品分人用生物制品和兽用生物制品，此处只介绍人用生物制品。

在 10 世纪时，中国发明了种痘术，用人痘接种法预防天花，这是人工自动免疫预防传染病的创始。种痘不仅减轻了病情，还减少了死亡。17 世纪时，俄国人来中国学习种痘，随后传到土耳其、英国、日本、朝鲜、东南亚各国，后又传入美洲、非洲。1796 年英国人 E·詹纳发明接种牛痘苗方法预防天花，他用弱毒病毒（牛痘）给人接种，预防强毒病毒（天花）感染，使人不得天花。

此法安全有效，很快推广到世界各地。牛痘苗可算作第一种安全有效的生物制品。微生物学和化学的发展促进了生物制品的研究与制作。19 世纪中期，"免疫"概念已基本形成。1885 年法国人 L·巴斯德发明狂犬病疫苗，用人工方法减弱病毒的致病毒力，做成疫苗，被狂犬咬伤的人及时注射疫苗后，可避免发生狂犬病。巴斯德用同样的方法制成鸡霍乱活疫苗、炭疽活疫苗，将过去以毒攻毒的办法改为以弱制强。D·E·沙门、H·O·史密斯等人研究加热灭活疫苗，先后研制成功伤寒、霍乱等灭活疫苗。19 世纪末日本人北里柴三郎和德国人贝林用化学法处理白喉和破伤风毒素，使其在处理后失去了致病力，接种动物后的血清中和相应的毒素，这种血清称为抗毒素，这种脱毒的毒素称为类毒素。R·科赫制成结核菌素，用来检查人体是否有结核菌感染。抗原—抗体反应概念的出现，有助于临床诊断。这

你知道吗

伤寒有哪些临床表现

伤寒是由伤寒杆菌引起的急性消化道传染病。它的主要病理变化为全身单核巨噬细胞系统的增生性反应，以回肠下段淋巴组织增生、坏死为主要病变。典型病例以持续发热、相对缓脉、神情淡漠、脾大、玫瑰疹和血白细胞减少等为特征，主要并发症为肠出血和肠穿孔。

些为微生物和免疫学发展奠定了基础，继续发展出各种生物制品，在预防疾病方面越发显得重要，是控制和消灭传染病不可缺少的手段之一。

中国的生物制品事业始于 20 世纪初。1919 年成立了中央防疫处，这是中国第一所生物制品研究所，规模很小，只有牛痘苗和狂犬病疫苗，几种死菌疫苗、类毒素和血清都是粗制品。中华人民共和国成立后，先后在北京、上海、武汉、成都、长春和兰州成立了生物制品研究所，建立了中央（现为中国）生物制品检定所，它执行国家对生物制品质量控制、监督，发放菌毒种和标准品。后来，在昆明设立中国医学科学院医学生物学研究所，生产研究脊髓灰质炎疫苗。生物制品现已有庞大的生产研究队伍，成为免疫学应用研究和计划免疫科学技术指导中心。汤飞凡 1957 年发现沙眼病原体，他对中国生物制品事业有很大贡献。

在控制和消灭传染病方面，接种预防生物制品效果显著，在公共卫生措施方面收益最佳，这不仅是一个国家或地区，而且是世界性的措施。世界卫生组织（WHO）1966 年发表宣言，提出 10 年内全球消灭天花，1980 年正式宣布天花在地球上被消灭。1978 年 WHO 又作出扩大免疫规划（EPI），目的是对全球儿童实施免疫。EPI 是用 4 种疫苗预防 6 种疾病，即卡介苗预防结核病；麻疹活疫苗预防麻疹；脊髓灰质炎疫苗预防脊髓灰质炎；百白破三联预防百日咳、白喉和破伤风。有计划地从儿童开始，使世界儿童都得到免疫。1981 年，中国响应 WHO 的号召，实行计划免疫，按要求用国产 4 种疫苗预

防 6 种疾病。1988 年以省为单位达到了 85% 的疫苗接种覆盖率。1990 年以县为单位，儿童达到 85% 的接种覆盖率。诊断制剂品种的增多和方法的改进，促进了试验诊断水平的提高；现已应用到血清流行病学以及疾病的监测。

随着微生物学、免疫学和分子生物及其他学科的发展，生物制品已改变了传统概念。对微生物结构、生长繁殖、传染基因等，也从分子水平去分析，现已能识别蛋白质中的抗原决定簇，并可分离提取，进而可人工合成多肽疫苗。对微生物的遗传基因已有了进一步认识，可以用人工方法进行基因重组，将所需抗原基因重组到无害而易于培养的微生物中，改造其遗传特征，在培养过程中产生所需的抗原，这就是所谓基因工程，由此可研制一些新的疫苗。20 世纪 70 年代后期，杂交瘤技术兴起，用传代的瘤细胞与可以产生抗体的脾细胞杂交，可以得到一种既可传代又可分泌抗体的杂交瘤细胞，所产生的抗体称为单克隆抗体，这一技术属于细胞工程。这些单克隆抗体可广泛应用于诊断试剂，有的也可用于治疗。科学的突飞猛进，使生物制品不再单纯限于预防、治疗和诊断传染病，而且扩展到非传染病领域，如心血管疾病、肿瘤等，甚至突破了免疫制品的范畴。中国生物制品界首先提出生物制品学的概念，而有的国家则称之为疫苗学。

酶的固化与生产

以微生物酶为主体的酶制剂工业形成于 20 世纪 50 年代。其中工业用酶 50～60 种，治疗和诊断用酶 120 多种，酶试剂 300 多种，已涉及到食品、医药、发酵、日用化工、轻纺、制革、水产、木材、造纸、能源、农业、环保等经济部门。因此，人们把酶制剂工业称为工业领域中的"医学金矿"。国际上酶制剂的年产量已超过 10 万吨，其来源有动物、植物与微生物。微生物酶制剂是工业酶制剂的主体。由于酶制剂主要作为催化剂与添加剂使用，它带动了许多产业的发展。在实际使用中，酶的消耗很少，而由它辐射出的实际经济收益却很大。固定化酶，就是用物理方法或化学方法将酶固定到某种大分子上面。这种大分子通常是一些不溶性的固体物质。酶和大分子之间可以通过吸附而固定，也可以通过化学反应使酶分子之间或者酶分子跟载体（大分子物质）之间相互联结起来。

此外，可用半透膜或有网眼的凝胶将酶分子包裹起来。由于酶的固定化，不仅增加了稳定性，而且还可将酶装成管式或柱式，有利于酶的催化作用连续化、管道化和自动化。20 世纪 60 年代后，固定化酶的研究取得了重大进展。1969 年，日本的千火田博士首先将固定化酶应用于工业生产，开创了固定化酶工业应用的新纪元。

你知道吗

什么是催化剂

在化学反应里能改变其他物质的化学反应速率（既能提高也能降低），而本身的质量和化学性质在化学反应前后都没有发生改变的物质叫催化剂（也叫触媒）。

酶存在于动物的脏器和植物的茎、叶、果中，但从这些原料中去提取人们所需要的酶，所得微乎其微。生物学家们在微生物中发现了存在于动、植物细胞中的酶，微生物繁殖非常迅速，细菌每隔 20 分钟即能 1 个变成 2 个，24 小时内能繁殖 72 代，要是一个也不死，重量可达 4722 吨。利用微生物的繁殖速度，可以实施酶生产的工厂化。微生物培养易于控制，微生物本身也容易改造。基因工程的崛起，不仅能使微生物产生酶的产量大幅度提高，而且还能使经过基因改造的微生物生产出动、植物的酶。

例如有一种 α 淀粉酶，本是地衣芽孢杆菌生产的，而通过基因工程的办法却可使枯草杆菌生产 α 淀粉酶，这使淀粉酶的产量提高了 2500 倍。又如有一种人尿激酶，本来只存在于人的肾脏中，无法提取，但从人的肾脏中分离出人尿激酶基因，将这种基因与质粒 PBR322 进行重组后，就能使大肠杆菌生产人的尿激酶。

🔘 净水的生物膜

随着城市化进程的加快和城镇人口的不断增长，以生活污水为主的城市污水已成为水环境的主要污染源，日益加剧我国湖泊的富营养化和水环境的恶化，直接威胁着人民群众的饮用水安全和城市经济的可持续发展。近年来，受技术和工艺条件限制，我国城市污水处理投资大，成本高，处理率低，效果不尽如人意。

专家介绍，目前我国城市污水处理技术主要采用活性淤泥法，其技术原理是通过工程化处理，利用淤泥中的活性成分（主要是指各种微生物成分）降解造成水污染的磷、氮以及藻类等营养元素，从而达到自然净水的目的。国内通用的活性淤泥法主要包括 A/O 法、A2/O 法、氧化沟法、SBR 法等几种模式，但由于存在成本高、处理不彻底和容易造成对环境的"二次污染"问题，既不经济，处理效果也不理想。

生物膜技术是近年发展起来的一项新技术，其原理是利用现代生物工程技术，针对水体污染物成分，高密度培养发酵不同功能的活性菌，按比例混合制成制剂，形成生物膜（也称"生物带"），直接投放到被污染的水体中，对富营养元素进行分解转化，实现净水目的。与欧美、日本等国家相比，目前我国的生物膜技术主要应用于水产养殖业，并已创造出巨大的经济效益，初步显示了在水处理领域的应用前景。

专家介绍，与传统的活性淤泥法相比，生物膜技术应用于城市污水处理具有五大明显的技术优势：

1. 投资少。目前国内的城市污水处理厂基础建设投资大，需要大量的机械设备、管网和其他工程设施，投资成本每吨污水处理在 1000 元左右，而应用生物膜技术投资设备少，占地小，处理每吨污水不到 500 元，相比节约成本 50% 以上。

2. 运行费用低。据测算，目前国内城市污水处理厂的直接运行成本，一般在每天处理每吨污水 0.5～0.8 元之间，而应用生物膜技术处理污水每天每吨只需 0.2 元左右。

3. 淤泥少，没有"二次污染"。采用传统的活性淤泥法处理城市污水，常由于大量淤泥的堆放造成对环境的"二次污染"，而同比条件下制成生物膜的微生物菌一旦把污水净化后，便会由于缺乏"营养"而自动消亡，不会造成"二次污染"。

4. 效率高。由于生物膜比表面积大，微生物菌密度高，每克制剂的微生物菌含量达 50～200 亿个，大大高于淤泥中的自然微生物活性成分，同时还可以多次投放，方便快捷，处理效果明显优于传统的活性淤泥法。采用生物膜技术，不仅能够有效治理湖泊的富营养化，而且有助于修复和强化湖泊生态功能，提高水体自净能力。

广角镜

富营养化

　　富营养化是一种氮、磷等植物营养物质含量过多所引起的水质污染现象。在自然条件下，随着河流夹带冲击物和水生生物残骸在湖底的不断沉降淤积，湖泊会从平营养湖过渡为富营养湖，进而演变为沼泽和陆地，这是一种极为缓慢的过程。但由于人类的活动，将大量工业废水和生活污水以及农田径流中的植物营养物质排入缓流水体后，水生生物特别是藻类将大量繁殖，使生物量的种群种类数量发生改变，破坏了水体的生态平衡。

5. 适合城市生活小区等小规模，有机负荷不高的污水处理。由于投资省，运行费用低，并可节省管网建设成本，应用生物膜技术处理城市生活小区等城市污水具有活性淤泥法不可比拟的优势。

目前，华中农业大学微生物国家重点实验室已成功研发出这一新技术，湖北科亮生物工程有限公司通过将这一技术工艺化，已在国内率先实现了在城市污水处理项目上的应用，取得了突出成效，吸引了许多新建和改建污水处理厂的单位前来考察。

➡ 抗体酶应用

　　1946 年，鲍林（Pauling）用过渡态理论阐明了酶催化的实质，即酶之所以具有催化活力，是因为它能特异性结合并稳定化学反应的过渡态（底物激态），从而降低反应能级。1969 年，杰奈克斯（Jencks）在过渡态理论的基础上猜想：若抗体能结合反应的过渡态，理论上它则能够获得催化性质。1984 年，列那（Lerner）进一步推测：以过渡态类似物作为半抗原，则其诱发出的抗体即与该类似物有着互补的构象，这种抗体与底物结合后，即可诱导底物进入过渡态构象，从而引起催化作用。根据这个猜想列那和苏尔滋（P. C. Schultz）分别领导各自的研究小组独立地证明了：针对羧酸酯水解的过渡态类似物产生的抗体，能催化相应的羧酸酯和碳酸酯的水解反应。1986 年，美国《科学》（Science）杂志同时发表了他们的发现，并将这类具催化能力的免疫球蛋白称为抗体酶或催化抗体。

水解反应

水解反应是水与另一化合物反应，该化合物分解为两部分，水中氢原子加到其中的一部分，而羟基加到另一部分，因而得到两种或两种以上新的化合物的反应过程。工业上应用较多的是有机物的水解，主要生产醇和酚。

抗体酶具有典型的酶反应特性：与配体（底物）结合的专一性，包括立体专一性，抗体酶催化反应的专一性可以达到甚至超过天然酶的专一性；具有高效催化性，一般抗体酶催化反应速度比非催化反应快 104～108 倍，有的反应速度已接近于天然酶促反应速度；抗体酶还具有与天然酶相近的米氏方程动力学及 pH 值依赖性等。

将抗体转变为酶主要通过诱导法、引入法、拷贝法三种途径。诱导法是利用反应过渡态类似物为半抗原制作单克隆抗体，筛选出具高催化活性的单抗即抗体酶；引入法则借助基因工程和蛋白质工程将催化基因引入到特异抗体的抗原结合位点上，使其获得催化功能，拷贝法主要根据抗体生成过程中抗原-抗体互补性来设计的。博莱克（Pollack）等以硝基苯酚磷酸胆碱酯作为半抗原诱导产生单抗，经筛选找到加快水解反应 1.2 万倍的抗体酶。

抗体酶可催化多种化学反应，包括酯水解、酰胺水解、酰基转移、光诱导反应、氧化还原分应、金属螯合反应等。其中有的反应过去根本不存在一种生物催化剂能催化它们进行，甚至可以使热力学上无法进行的反应得以进行。

抗体酶的研究，为人们提供了一条合理途径去设计适合于市场需要的蛋白质，即人为地设计制作酶。它是酶工程的一个全新领域。利用动物免疫系统产生抗体的高度专一性，可以得到一系列高度专一性的抗体酶，使抗体酶不断丰富。随之出现大量针对性强、药效高的药物。立本专一性抗体酶的研究，使生产高纯度立体专一性的药物成为现实。以某个生化反应的过渡态类似物来诱导免疫反应，产生特定抗体酶，以治疗某种酶先天性缺陷的遗传病。抗体酶可有选择地使病毒外壳蛋白的肽键裂解，从而防止病毒与靶细胞结合。抗体酶的固定化已获得成功，将大大地推进工业化进程。

乳酸菌的应用

发展绿色无公害饲料添加剂是 21 世纪饲料工业的重要研究方向，饲用微生物制剂是实现这一目的的主要途径。本文重点介绍乳酸菌类微生物制剂的发展概况、乳酸菌的组成和分布、乳酸菌的作用机理。

针对抗生素、激素和兴奋剂类等残留问题和对人类健康造成的威胁，科学家们将动物药品添加剂的研究方向投向具有生长促进作用和保健效果的饲用微生态制剂。微生态制剂是指在微生态学理论的指导下，调整生态失调、保持微生态平衡、提高宿主

拓展阅读

使用兴奋剂的危害

科学研究证明，使用兴奋剂会对人的身心健康产生许多直接的危害。使用不同种类和不同剂量的禁用药物，对人体的损害程度也不相同。使用兴奋剂的危害主要来自激素类和刺激剂类的药物。特别令人担心的是，许多有害作用只是在数年之后才表现出来，而且即使是医生也分辨不出哪些运动员正处于危险期，哪些暂时还不会出问题。

（人、动植物）健康水平或增进健康状态的生理活性制品及其代谢产物以及促进这些生理菌群生长繁殖的生物制品。

◎ 乳酸菌类微生物制剂的发展概况

饲用微生物必须在生物学和遗传学特征上保证安全和稳定，因此应用前必须经过严格的病理、毒理试验，证明无毒、无害、无耐药性等副作用才能使用。目前常用的微生物种类主要有乳酸菌、芽孢杆菌、胶木菌、放线菌、光和细菌等几大类。美国食品药品监督管理局规定允许饲喂的微生物有 40 余种，有近 30 种是乳酸菌。我国 1994 年农业部批准使用的微生物品种有蜡样芽孢杆菌、枯草芽孢杆菌、粪链球菌、双歧杆菌、乳酸杆菌、乳链球菌等，其中大部分也属于乳酸菌类。此处就以乳酸菌类微生物制剂为代表，初步探

讨微生物制剂的作用机理及其开发利用。

◎ 乳酸菌的组成和分布

乳酸菌是一类能从可发酵碳水化合物（主要指葡萄糖）产生大量乳酸的细菌的统称，目前已发现的这一类菌在细菌分类学上至少包括 18 个属，主要有乳酸杆菌属、双歧杆菌属、链球菌属、明串珠球菌属、肠球菌属、乳球菌属、肉食杆菌属、奇异菌属、片球菌属、气球菌属、漫游球菌属、李斯特氏菌属、芽孢乳杆菌属、芽孢杆菌属中的少数种、环丝菌属、丹毒丝菌属、孪生菌属和糖球菌属等。

乳酸菌绝大多数都是厌氧菌或兼性厌氧的化能营养菌，革兰氏阳性。生长繁殖于厌氧或微好氧、矿物质和有机营养物丰富的微酸性环境中。污水、发酵生产（如青贮饲料、果酒、啤酒、泡菜、酱油、酸奶、干酪）培养物、动物消化道等乳酸菌含量较高。小牛胃和上部肠道中乳酸菌占优势，从牛乳喂养的小牛胃液中分离乳酸乳杆菌、发酵乳杆菌。小牛中主要是嗜酸乳杆菌。发酵乳杆菌则是粘附在柱状上皮细胞的主要乳杆菌。

◎ 乳酸菌的作用机理

乳酸菌对人和动物都有保健和治疗功效，这一点，国内外均有大量饲养和临床试验证明。贝尔德（Baird）（1977）用乳杆菌饲喂断奶仔猪和生长育肥猪，试验证明均能增加日增重和提高饲料转化率。利德贝克（Lidbeck）等（1992）证实乳酸杆菌能预防放疗引起的腹泻。蔡辉益等（1993）对益生素使用效果进行统计，其中乳酸菌类益生素饲喂猪的报道，7 例证明能提高日增重，平均提高 7.67%，6 例证明提高饲料转化率，平均提高 5.4%。饲喂肉鸡的报道中，5 例证明提高日增重，平均达 7.32%，5 例证明提高饲料利用率，平均达 9.5%。乳酸杆菌在饲喂育肥牛（舍饲）时使用，平均日增重提高 13.2%，饲料转化率提高 6.3%，发病率下降 27.7%。加拉格尔（Gallagher）等（1974）研究表明，食用酸奶的人群对乳糖的利用率比食用含相同乳糖浓度的牛奶要高，从而减轻乳糖的不耐受症状。此外乳酸菌的抗癌作用也有不少报道。

乳酸菌在实际应用中效果显著，近两年来，更多的研究工作集中于乳酸菌发挥这些功能的作用机制的探讨上。有关报道很多，综其所述，其作用机理主要有以下几点：①提供营养物质，具有促机体生长作用。②改善微生态环境，清理肠道有毒物质。③调节消化免疫系统等。

◀️ 神奇的液膜

　　新开凿好的油井，过去常常会遇到井喷火灾事故，这是很令人头疼的一件事。不过这已经成为过去，因为现在有了一种神奇的液膜，人们只要穿着石棉服，手提液膜罐，迅速将液膜倒进井里，过不久，井喷就被制服了。

　　什么是液膜呢？你一定知道肥皂泡沫吧，它就是最常见的液膜，它的分子一端亲水，一端亲油，在水中遇到油，亲油的一端向油，亲水的一端向外，就成为包围着油的泡沫。

　　扑灭井喷的液膜与肥皂泡沫类似，不同的是，它是一种包结有膨润土的液膜，也就是说，在制造这种液膜时，加进了一些固体颗粒膨润土，这样形成的液膜里面就包结有固体物质膨润土。当这种液膜进入井内时，由于井内的温度和压力都比地面高，在高温高压的作用下，它就会很快破裂，膨润土随即分散开来，遇到地下水时，立即膨胀，而且粘性增加，并把井管通道堵塞，这样气体和油液被封闭起来，于是大火就灭了。

基本小知识

井　喷

　　井喷，是一种地层中流体喷出地面或流入井内其他地层的现象，大多发生在开采石油天然气的现场。引起井喷的原因有多种：地层压力掌握不准，泥浆密度偏低，井内泥浆液柱高度降低，以及其他不当措施等。井喷有的是正常现象，但出现井喷事故，天然气喷出后与空气摩擦，容易发生燃烧，因此非常危险。

　　人们使用液膜技术来使油井增产。在美国，用高压泵将包结了盐酸的液膜掺合砂子和水，打进地下。在高温高压的作用下，液膜破裂，盐酸流出，同碱性土壤起化学反应，生成溶于水的盐类，土壤形成裂缝，而砂子则掺入缝隙起支撑作用。于是，较远地方的石油可以经过这条砂子通道，源源流向井管，使油井增产两成左右。

人们利用油膜技术来生产铀，成本比用萃取法要低一半左右，而且贫矿中夹杂的微量铀也能被提炼出来。比如磷矿中夹杂的铀，常常在生成磷酸时被白白地抛弃。人们将包结有氢离子和 2 价铁离子的液膜放进磷酸中，磷酸内的铀离子就会渗进液膜内，同氢离子和铁离子起反应，生成 4 价的铀化合物，然后把液膜滤出来，铀就可提炼出来。

工厂排出的污水中，含有镉、汞、铬等金属，如果利用各种液膜技术进行处理，就可以回收贵重金属，还可以减少污染。这类液膜技术成本低廉，操作方便，效益显著，是环境保护技术中的一颗"新星"。

▶ 利用微生物采矿

微生物几乎都能和金属发生一定作用，恰当地利用这种作用可以取得相当可观的经济效益，因此逐渐受到企业界的重视。目前主要应用在从矿石中浸滤金属或浓缩废液中所含的微量金属两个方面。现在，美国已大规模地利用细菌浸滤法从废弃的原料中回收铜。据推算，美国利用这种方法生产的铜占总生产量的 11.5% ~ 15%。浸滤是用大量的水（一般为数百吨）在矿石间循环，使生息在岩石间的细菌浸提出金属。机理有两种：一是细菌直接与矿石作用，提取金属；二是细菌产生亚铁及硫酸之类的物质，利用这些物质提取金属。在铀矿山应用细菌浸滤法，有可能从已无法开采的铀矿中采铀。使含有细菌的水通过地下矿脉渗透到竖井中，然后用泵把溶有铀的水提升到地面回收铀。这种方法称为"地下溶解冶炼"，已经在加拿大应用。使用这种方法可以大幅度减轻对地面风景及建筑物的破坏，有利于保护环境。另外，使用这种方法虽然比采矿石花费的时间长，但由于不需要破碎矿石的机械操作，操作系统比较简单，因此需要的经费也少，特别对矿脉深、品位低的矿山更有利。

生物化学的探索者

宏伟的生物化学大厦令人惊叹不已,这是众多的生化学家、生化工作者通过长期艰辛的科学研究建造起来的人类智慧的精品。

一百多年前,法国微生物学家、化学家、被誉为近代微生物学的奠基人巴斯德像牛顿开辟出经典力学一样,开辟了微生物领域,创立了一整套独特的微生物学基本研究方法,为生物化学的发展开辟了道路。

数年前的 2006 年,华人女科学家陶一之领导的小组找到了 H5N1 病毒的弱点,而这一新发现,又将为人类寻找抗病毒药物开辟一条新的途径。

而在两个人之间,还有许许多多的科学家和工作者在生物化学领域作出了不可磨灭的贡献,这些人的名字和功勋永远值得后人牢记。

中国生物化学家——汪猷

汪 猷

化学家，浙江杭州人。1931年毕业于金陵大学工业化学系。1937年获德国慕尼黑大学博士学位。1984年当选为法国科学院外籍院士。中国科学院上海有机化学研究所研究员、名誉所长。早期从事十四乙酰藏红素的全合成以及性激素、抗生素和碳水化合物化学等研究。中国抗生素研究的奠基人之一。系统研究了链霉素和金霉素的分离、提纯以及结构和合成化学。参加领导并直接参加了人工合成胰岛素的研究。在淀粉化学方面，创制了新型血浆代用品。所建立的石油发酵研究组，当时在国际上居于前列，做出多项成果。参加并参与领导酵母丙氨酸转移核糖核酸全合成工作。参加和领导了天花粉蛋白化学结构和应用研究、模拟酶的研究和青蒿素的生物合成化学研究。1955年选聘为中国科学院院士（学部委员）。

汪猷，字君谋，1910年6月7日出生于杭州书香门第之家。父亲汪知非是清末秀才，年轻时深受西方科学技术和孙中山的革命思想影响，遂弃功名仕途，在浙江从事测量和盐务等工作。父母先后于1928年和1930年病故。1941年汪猷与协和医学院儿科助教李季明女士结婚，夫妻感情甚笃。

汪猷聪颖好学，从小深受父亲影响，喜爱自然科学。1921年考入浙江省立甲种工业学校（浙江大学前身之一），就读于应用化学系，从此汪猷与化学结下了不解之缘。1927年考入金陵大学工业化学系。1931年毕业，获理学士学位。由于他历年学习成绩优秀，获得斐托飞学会金钥匙奖的荣誉。毕业后由学校推荐到北平协和医学院作研究生后转作研究员。师从我国著名生物化学家吴宪，研究性激素的生物化学。他首先使用了问世不久的瓦堡微量呼吸器测定男性激素对正常鼠和阉鼠的各部器官的影响。在名师指点下，汪猷的研究才华脱颖而出，发表了 4 篇论文，深得吴宪的器重。1935 年 8 月，汪猷作为中国生理学会代表团成员与吴宪等参加了在莫斯科举行的第十五届国际生理学大会。这是汪猷第一次去国外参加大型国际学术会议。他见到了不少仰慕已久的国际生理、生化界大师，如巴甫洛夫和胰岛素发现者班丁（F·G·Banting）等。这使他下决心奋发图强，日后跻身于国际著名学者之列。大会结束后，汪猷赴德国慕尼黑大学化学研究所，在著名化学家、诺贝尔奖获得者维兰德（H· Wieland）指导下当研究生。

基本小知识

学　位

　　学位，是标志被授予者的受教育程度和学术水平达到规定标准的学术称号。经在高等学校或科学研究部门学习和研究，考试合格后，由有关部门授予国家和社会承认的专业知识学习资历。它起源于欧洲中世纪。专业技术人员拥有何种学位，表明他具有何种学术水平或专业知识学习资历，象征着一定的身份。

　　在维兰德及其助手唐纳（E·Dane）指导下，汪猷从事不饱和胆酸和甾醇的合成研究。找到了甾环内引进共轭双烯的改进方法，合成了胆甾双烯酮和胆甾双烯醇。1937 年冬，汪猷获慕尼黑大学最优科学博士学位。1938 年秋，他又去海德堡威廉皇家科学院医学研究院化学研究所任客籍研究员。在著名化学家、诺贝尔奖金获得者库恩（R·Kuhn）指导下进行藏红素化学的研究。合成了十四乙酰藏红素。这是当时分子量最大的有机化合物。在国内外名师和著名学术机构的优良学风的薰陶和严格训练下，汪猷养成了严肃、严谨的学风和勇于创新的精神，这对他以后的事业产生了深远的影响。

　　1939 年春，汪猷离开德国转赴英国。在伦敦密特瑟克斯医学院考陶尔生化研究所陶慈（E·C·Dodds）的研究室任客籍研究员，从事雌性激素类似物的化学合成研究。当时欧洲战云密布，我国正遭受日本法西斯铁蹄的蹂躏。怀着振兴祖国科学事业的强烈愿望，汪猷毅然放弃国外优越的研究条件和物质生活，于 1939 年 8 月回国。在协和医学院先后任讲师、教授等职。除讲课外，他的大部分时间继续在吴宪指导下从事甾族性激素的化学研究，包括孕妇尿中甾三醇葡萄糖苷排泄量的测定和中药当归有效成分及药理作用研究等。他在与妇产科医生合作的一项研究中发现了怀双胞胎的孕妇尿中甾二醇葡萄糖排泄量特别高。珍珠港事变之后，日本侵略军于 1942 年 1 月占领协和医学院，研究设备、资料和研究记录、样品全被日本侵略军搜掠一空。教授、医生、学生都被迫离开实验室，离开医学院。

拓展阅读

珍珠港事件

珍珠港事件是指由日本政府策划的一起偷袭美国军事基地的事件；1941 年 12 月 7 日清晨，日本海军的航空母舰舰载飞机和微型潜艇突然袭击美国海军太平洋舰队在夏威夷基地珍珠港以及美国陆军和海军在欧胡岛上的飞机场的事件。太平洋战争由此爆发。这次袭击最终将美国卷入第二次世界大战。

生物化学家——洪国藩

洪国藩（1939.12—　），分子生物学家，浙江宁波人。1985 年加入中国共产党。1964 年毕业于复旦大学生物系，同年 9 月到中国科学院上海生物化学研究所工作至今。历任研究实习员、助理研究员、研究员、课题组长、博士生导师，中国科学院国家基因研究中心主任，英国剑桥分子生物学实验室访问学者、研究员，英国约翰研究所访问教授，美国耶鲁大学访问教授，中国生化学会副理事长，《生物化学与生物物理学》报常务编委，英国《DNA Sequence》杂志编委、《Trends in Plant Science》杂志顾问编委，第三世界科学院院士资格审查委员会委员，联合国人类基因组科学协调委员会委员，1997 年当选中国科学院院士，1993 年当选第三世界科学院院士。长期从事生物化学和分子生物学的研究，学术上有创新精神，造诣较高。1978 年发现梯度电场抵抗核酸分子扩散的效应。这一发现，导致了凝胶中 DNA 顺序的可读性增加 30% 以上；建立了高温 DNA 测序体系；提出固氮菌中结瘤调控基因的调控模型；提出并发表构建水稻基因组物理图的"快速、精确的 BAC－指纹－锚标战略"，并用此战略领导完成了重叠群（contig）覆盖率达 92%、平均 DNA 片段分辨率高达 120 kb 的水稻基因组（12 条染色体、4.3 亿核苷酸）物理图。1979 年在英国剑桥分子生物学实验室做访问学者时，创造性地提出并通过实验建立 DNA 测序单链双向测定法、缓冲液离子梯度法、非随机测定法、^{35}S－同位素测定法。这些方法分别提高或增加测试长度、分辨率、测试效率和准确性，其中有的

洪国藩

方法引起科学界的轰动，被收入分子克隆及 DNA 测序丛书等国际经典书籍中为各国学者引用。1985～1987 年，发现并首次克隆高温酶，提出并完成 DNA 高温酶测序法，解决 DNA 测序过程中二级发夹结构问题，此成果获中科院 1992 年科技进步一等奖和 1993 年国家科技进步二等奖。1991 年出任国家攀登计划"共生固氮体系中最佳固氮结瘤控制模型"首席科学家。在他的主持下，经 11 个研究所和大学的科学家 5 年共同努力，中国固氮研究跻入国际先进行列。他主编的《固氮及其在中国的研究》（英文版）由世界著名 Springer 出版社出版并获国际学术界的高度评价。1992 年主持水稻基因研究，1994 年建立水稻全部 12 条染色体的人工细菌染色体（ABC）全库，1996 年在世界上首次构建高分辨率水稻基因组物理全图获得成功。1997 年 1 月国家科委、中科院和上海市政府联合召开新闻发布会，向全世界公布了这一成果，在国际学术界引起强烈反响。为此，他获得第三世界科学院学术奖，此成果被全国和上海市评为 1997 年科技十大进展之首。他是上海市第九、十届人大代表，第九届全国政协委员。曾获得首批"国家有突出贡献的中青年专家"和"上海市科技精英"称号；被评为 1997 年上海市劳动模范、上海市首届"十大杰

出职工"和全国"五一劳动奖章"获得者。

知识小链接

第三世界科学院

第三世界科学院现称发展中国家科学院，成立于1983年11月10日，总部设在意大利的里雅斯特，是一个非政府、非政治和非营利性的国际科学组织。它是在已故巴基斯坦物理学家、诺贝尔物理学奖获得者阿布杜斯·萨拉姆教授的倡议下创建的。

◉ 生物化学家——曹天钦

趣味点击 令人惊奇的长沙马王堆古尸

长沙马王堆汉墓的发掘出土是20世纪我国重大的考古发现，尤其是1号墓内的千年女尸更受到国内外科技界的广泛关注，被认为"创造了世界尸体保存记录中的奇迹"。这具女尸年约50岁，身高1.54米，体重34.3公斤，结缔组织、肌肉组织和软骨等细微结构保存完好，全身有柔软的弹性，皮肤细密而滑腻，部分关节可以转动，甚至手足上的纹路也清晰可见。

曹天钦，生物化学家。长期从事蛋白质化学、植物病毒的分子生物学研究，是肌球蛋白轻链发现者。在肌肉蛋白质、神经蛋白质、蛋白水解酶和抑制剂、马王堆古尸的保存、植物病毒、植物类菌原体、中国古代科学技术史等研究方面获重要成果，为发展中国的生物化学、生物工程和分子生物学研究作出了重要贡献。

曹天钦，1920年12月5日生于北平（现北京）的一个普通知识分子家庭，原籍河北省束鹿县，父亲是教师。1932年曹天钦考入燕京大学附属中学，1935年夏入通县潞河中学，1937年转入北平育英中学，完成了高中学业。曹天钦在中学时期是一位品学兼优的好学生，当时正值日本侵略军侵犯中国，他与同学们一起参加了燕大学生会的抗日募捐活动，高中时期，由于看到外有强敌侵略，内有军阀混战，遂又立志"科学救国"和"工业救国"。

1938 年，入燕京大学学习化学。一年级至三年级由于成绩优良，获得学校的奖学金。1941 年春，珍珠港事件爆发前夕，他和一些同学逃离北平，经由上海转开封、郑州，在陕西宝鸡参加了由路易·爱黎成立和指导的中国工业合作运动（工合），不久被派去陕西凤县双石铺工业试验所任工业分析组技士，分析陕甘各地的煤、水及铁、铅等各种矿石，后又被聘去"工合"

曹天钦

兰州事务所主持皮革生产合作社的技术和业务。1943 年燕京大学在成都复校，曹天钦回燕大继续学习，1944 年夏毕业，获理学学士学位。随即受中英科学合作馆李约瑟博士的邀请赴重庆，参加中英文化交流工作。

1946 年 10 月，经李约瑟博士介绍获得英国文化委员会奖学金，赴英留学，先在剑桥大学攻读化学，1948 年获学士学位。此后，曹天钦醉心于制革研究，而制革和蛋白质化学有关，因而又改攻生物学，师从著名生化学家斐利（K·Bailey）研究蛋白质化

广角镜

李约瑟与《中国科学技术史》

李约瑟（1900—1995 年），英国人，剑桥大学李约瑟研究所名誉所长，长期致力于中国科技史研究。1954 年，李约瑟出版了《中国科学技术史》第一卷，轰动西方汉学界。他在这部计有 34 分册的系列巨著中，以浩瀚的史料、确凿的证据向世界表明："中国文明在科学技术史上曾起过从来没有被认识到的巨大作用"，"在现代科学技术登场前十多个世纪，中国在科技和知识方面的积累远胜于西方"。

学4年，主要从事肌肉蛋白质的物理化学研究。留英6年是曹天钦获得知识和成果的重要时期，由于他出色的研究成果，1951年被剑桥大学维尔基斯学院选为院士，这是该院历史上第一个中国人获此殊荣。

中华人民共和国成立后，曹天钦受到极大的鼓舞。本来，曹天钦已准备去美国哈佛大学著名的蛋白质物理化学专家陶蒂（P·Doty）的实验室工作，陶蒂教授当时是这一领域的权威，而且曹天钦的未婚妻谢希德此时正在美国麻省理工学院攻读物理学博士学位，无论从事业或从家庭考虑，这无疑是一种最好的选择。但经当时即将回国的邹承鲁的介绍，中国科学院生理生化研究所的副所长王应睐发函邀请曹天钦回国参加祖国科学研究事业。曹天钦为了报效祖国，立即放弃去美国的计划，等待谢希德取得学位后，立即共同回国。当时美国政府禁止留学生回国，在李约瑟博士的协助下，谢希德以赴英国结婚为理由，在1952年5月成功地由美国抵达英国和曹天钦举行了婚礼。3个月后，他们终于克服各种困难，从英国启程于1952年10月1日到达上海，这天正是中华人民共和国的第四个国庆节，当看到成千上万的市民兴高采烈地庆祝游行时，夫妇俩心潮起伏，感情潮湃，不可言表。

曹天钦返国后，被聘为中国科学院生理生化研究所（上海）副研究员，他立即筹备实验室，并开展了肌肉蛋白质、胶原蛋白质、神经系统蛋白质等的研究。虽然当时条件简陋，但他心情愉快，以极大的热情投入工作。1958年任研究员。1956年5月，他和谢希德分别在中国科学院生理生化研究所、上海复旦大学同时加入中国共产党，一时在科技界传为佳话。1958年曹天钦与几位青年科技人员一起，首先建议开展人工合成牛胰岛素的研究，并在其后的3年中是这项研究的几位领导人之一。1966年在第二次评审人工合成牛胰岛素的会议上，他又建议开展胰岛素X光晶体衍射的研究。1959年，生理生化研究所分立为生理和生物化学两个研究所。1960年，曹天钦被任命为中国科学院生物化学研究所副所长，直至1984年。1979年至1988年，被选为中国生物化学学会副理事长兼秘书长，他和当时的生物化学研究所所长王应睐一起，为生物化学研究所和中国生物化学事业的发展呕心沥血，不遗余力。

为了使基础科学研究能与生产实际相结合，从20世纪60年代初起，曹天钦又开展了植物病毒和类菌原体的研究，为解决中国的农业病害问题作出了贡献。

类菌原体

类菌原体又称类菌原质，它是介于病毒和细菌之间的一种单细胞微生物，比细菌小比病毒大，具有多型性，有圆形、椭圆形或不规则形，没有细胞壁。

1980 年，曹天钦当选为中国科学院生物学部的学部委员，并先后任学部副主任、主任。20 世纪 80 年代初，被任命为中国科学院上海分院院长。尽管此时他已年届花甲，并且由于"文化大革命"期间受到不公正待遇，身体健康已受影响，但仍两地奔波，以极大的热情来推动科学事业的发展。在他任职期间，访问了上海地区所有的中国科学院研究所和全国很多生物学研究所，他特别关心和重视边远、内地科研比较落后地区的研究所的发展。此外，他还担任了中国科学技术协会副主席、上海市第八届人民代表大会常委会副主任等职务。

1983 年，他被瑞典皇家工程科学院选聘为国外院士，1984—1988 年，当选国际科学联合会（ICSU）理事会理事、执行局委员。作为一位国际知名的科学家，他曾出访很多国家，参加国际学术会议，访问研究所、大学，为介绍中国科学事业的发展，促进中国和各国科学界的合作，作出了不懈的努力。

在他的积极促进下，1988 年秋天，国际科学联合会大会第一次在中国首都北京举行，此时曹天钦已不能躬逢其盛，这成为他的极大憾事。早在 1987 年秋，他在以色列出席国际生物物理学大会时，由于旧病复发被送回国内。他的病情牵动了上自国家领导人，下至他的年轻学生们的心，组织上和家属、医生们多次讨论了治疗方案，并动了手术，可惜无法使曹天钦康复。但曹天钦的爱国热忱、科学建树依然受到人们的崇敬和尊重。正如全国政协副主席苏步青在 1990 年冬庆贺他的 70 华诞时所说："曹天钦教授潜心科研半世纪，为国家建树良多，党与人民永远感激他所作出的巨大贡献"。

美国生物化学家陶一之

陶一之，1992 年毕业于北京大学生物系，1999 年获美国普渡大学（Purdue University）博士学位，现为美国休斯敦莱斯大学生物化学与细胞生物学系副教授，从事流感病毒研究。

陶一之

2006 年 12 月出版的英国科学周刊《自然》报道，美国休斯敦莱斯大学华人女科学家陶一之领导的小组，找到了 H5N1 病毒的弱点。陶一之发现，流感病毒的核蛋白（NP）含有一个重要的尾环，其分子结构相对薄弱，可作为新开发的流感药物的攻击目标。她认为，流感病毒存在的这个尾环，是病毒自身复制的重要环节，只要令其中的单个氨基酸发生突变，病毒即无法复制而感染不到其他细胞。陶一之的这一新发现，将为人类寻找抗病毒药物开辟一条新的途径。

陶一之说："我感受到了大家对人类健康和禽流感问题的重视，对我们在禽流感领域研究进展的关注以及对人类早日攻克禽流感的渴望。这些留言让我很感动，也增加了我在科研进度上的紧迫感。"

她还透露了自己的研究进展："我们前一段时间在致力研发可应用于大规模药物筛选的禽流感病毒核蛋白系统。在这方面我们已取得了不错的进展，同时我们也已经开展针对核蛋白结构的药物设计。通过计算机的虚拟筛选，我们已经找到了一些很有希望的核蛋白抑制剂。"

陶一之说："我们在流感方面的突破给人类提供了一个攻克禽流感的崭新

方法。通过进一步的研究，我们很有可能找到有效对抗禽流感的药物。根据目前的进展，我希望在一两年内可拿到用于临床试验的新药。"

谈到从事抗病毒科研的经历，陶一之称自己从事病毒方面的研究已有 10 多年的时间了。"我从 4 年前开始主攻流感病毒就对这个领域十分着迷。这不仅是因为流感、禽流感是对人类健康构成严重威胁，也因为流感病毒感染细胞的生物机理在基础理论研究上很有意义。今后我不光会致力于流感病毒的基础研究，同时会以药物开发作为我们的一个主要研究方向。在药物开发方面，我们正在初步开启和中国国内几个院校的合作。如果能早日研制出有效对抗流感的药物，那将是对世界和人类文明的巨大贡献。"

▶ 近代微生物学的奠基人——巴斯德·路易斯

巴斯德·路易斯（LouisPasteur），1822—1895，法国微生物学家、化学家，近代微生物学的奠基人。

像牛顿开辟出经典力学一样，巴斯德开辟了微生物领域，他也是一位科学巨人。

知识小链接

经典力学

经典力学的基本定律是牛顿运动定律或与牛顿定律有关且等价的其他力学原理，它是 20 世纪以前的力学，有两个基本假定：其一是假定时间和空间是绝对的，长度和时间间隔的测量与观测者的运动无关，物质间相互作用的传递是瞬时到达的；其二是一切可观测的物理量在原则上可以无限精确地加以测定。

巴斯德一生进行了多项探索性的研究，取得了重大成果，是 19 世纪最有成就的科学家之一。他用一生的精力证明了三个科学问题：

1. 每一种发酵作用都是由于一种微菌的发展，这位法国化学家发现用加热的方法可以杀灭那些让啤酒变苦的恼人的微生物。很快，"巴氏杀菌法"便

巴斯德·路易斯

应用在各种食物和饮料上。

2. 每一种传染病都是一种微菌在生物体内的发展：由于发现并根除了一种侵害蚕卵的细菌，巴斯德拯救了法国的丝绸工业。

3. 传染病的微菌，在特殊的培养之下可以减轻毒力，使他们从病菌变成防病的药苗。

他意识到许多疾病均由微生物引起，于是建立起了细菌理论。

路易·巴斯德被世人称颂为"进入科学王国的最完美无缺的人"，他不仅是个理论上的天才，还是个善于解决实际问题的人。他于 1843 年发表的两篇论文《双晶现象研究》和《结晶形态》，开创了对物质光学性质的研究。1856 年至 1860 年，他提出了以微生物代谢活动为基础的发酵本质新理论，1857 年发表的《关于乳酸发酵的记录》是微生物学界公认的经典论文。1880 年后又成功地研制出鸡霍乱疫苗、狂犬病疫苗等多种疫苗，其理论和免疫法引起了医学实践的重大变革。此外，巴斯德的工作还成功地挽救了法国处于困境中的酿酒业、养蚕业和畜牧业。

基本小知识

霍 乱

霍乱是一种烈性肠道传染病，两种甲类传染病之一，由霍乱弧菌污染水和食物而引起传播。临床上以起病急骤、剧烈泻吐、排泄大量米泔水样肠内容物、脱水、肌痉挛、少尿或无尿为特征。严重者可因休克、尿毒症或酸中毒而死亡。

巴斯德被认为是医学史上最重要的杰出人物。巴斯德的贡献涉及到几个学科，但他的声誉则集中在保卫、支持病菌论及发展疫苗接种以防疾病方面。

　　巴斯德并不是病菌的最早发现者。在他之前已有基鲁拉、包亨利等人提出过类似的假想。但是，巴斯德不仅热情勇敢地提出关于病菌的理论，而且通过大量实验，证明了他的理论的正确性，令科学界信服，这是他的主要贡献。

　　显然病因在于细菌，那么显而易见，只有防止细菌进入人体才能避免得病。因此，巴斯德强调医生要使用消毒法。向世界提出在手术中使用消毒法的约瑟夫·辛斯特便是受了巴斯德的影响。有毒细菌是通过食物、饮料进入人体的。巴斯德发展了在饮料中杀菌的方法，后称之为巴氏消毒法（加热灭菌）。

　　巴斯特50岁时将注意力集中到恶性痈痕上。那是一种危害牲畜及其他动物、包括人在内的传染病。巴斯德证明其病因在于一种特殊细菌，他使用减毒的恶性痈疽杆状菌为牲口注射。

广角镜

巴氏消毒法的原理

　　在一定温度范围内，温度越低，细菌繁殖越慢；温度越高，繁殖越快。但温度太高，细菌就会死亡。不同的细菌有不同的最适生长温度和耐热、耐冷能力。巴氏消毒其实就是利用病原体不是很耐热的特点，用适当的温度和保温时间处理，将其全部杀灭。

　　1881年，巴斯德改进了减轻病原微生物毒力的方法，他观察到患过某种传染病并得到痊愈的动物，以后对该病有免疫力。据此用减毒的炭疽、鸡霍乱病原菌分别免疫绵羊和鸡，获得成功。这个方法大大激发了科学家的热情。人们从此知道利用这种方法可以免除许多传染病。

　　1882年，巴斯德被选为法兰西学院院士，同年开始研究狂犬病，证明病原体存在于患兽唾液及神经系统中，并制成减毒活疫苗，成功地帮助人获得了该病的免疫力。按照巴斯德免疫法，医学科学家们创造了防止若干种危险病的疫苗，成功地免除了斑疹伤寒、小儿麻痹等疾病的威胁。

　　说到狂犬病，人们自然会想到巴斯德那段脍炙人口的故事。在细菌学说占统治地位的年代，巴斯德并不知道狂犬病是一种病毒病，但从科学实践中他知道有侵染性的物质经过反复传代和干燥，会减少其毒性。他将含有病原的狂犬病的延髓提取液多次注射兔子后，再将这些减毒的液体注射狗，以后狗就能抵抗正常强度的狂犬病毒的侵染。1885 年，人们把一个被疯狗咬得很厉害的 9 岁男孩送到巴斯德那里请求抢救，巴斯德犹豫了一会儿后，就给这个孩子注射了毒性减到很低的上述提取液，然后再逐渐用毒性较强的提取液注射。巴斯德的想法是希望在狂犬病的潜伏期过去之前，使他产生抵抗力。结果巴斯德成功了，孩子得救了。在 1886 年，巴斯德还救活了另一位在抢救被疯狗袭击的同伴时被严重咬伤的 15 岁牧童朱皮叶，现在记述着少年的见义勇为和巴斯德丰功伟绩的雕塑就坐落在巴黎巴斯德研究所外。巴斯德在 1889 年发明了狂犬病疫苗，他还指出这种病原物是某种可以通过细菌滤器的"过滤性的超微生物"。

基本小知识

延 髓

延髓也叫延脑，居于脑的最下部，与脊髓相连，上接脑干，其主要功能为控制基本生命活动，如控制呼吸、心跳、消化等。

巴斯德本人最为著名的成就是发展了一项对人进行预防接种的技术。这项技术可使人抵御可怕的狂犬病。其他科学家应用巴斯德的基本思想先后发展出抵御许多种严重疾病的疫苗，如预防斑疹伤寒和脊髓灰质炎等疾病。

正是他做了比别人多得多的实验，令人信服地说明了微生物的产生过程。巴斯德还发现了厌氧生活现象，也就是说某些微生物可以在缺少空气或氧气的环境中生存。他还发明了一种用于抵御鸡霍乱的疫苗。

人们常将巴斯德同英国医生爱德华·琴纳比较。琴纳发展了一种抵御天花的疫苗，而巴斯德的方法可以并已经应用于防治很多种疾病。

你知道吗

什么是斑疹伤寒

斑疹伤寒是由斑疹伤寒立克次体引起的一种急性传染病。鼠类是主要的传染源，以恙螨幼虫为媒介将斑疹伤寒传播给人。其临床特点为急性起病、发热、皮疹、淋巴结肿大、肝脾肿大和被恙螨幼虫叮咬处出现焦痂等。

杰出的生物化学家吴宪博士

吴宪，字陶民，中国现代生物化学家及营养学家。1893 年 11 月 24 日生于福建省福州市，1959 年 8 月 8 日卒于美国马萨诸塞州的波士顿城；终生保持中国为其唯一的国籍。早年考入北京清华留美预备学校。1912 年赴美入麻省理工学院攻读造船工程，后改习化学，1916 年获理学学士学位后留校任助教；1917 年被哈佛大学医学院生物化学系奥托·福林教授录取为研究生，1919 年以《一种血液分析系统》论文获博士学位。1920 年回国，任北京协和医学院生物化学系助教，1924 年为副教授兼主任，1928 年为教授。1935—1937 年为该院执行院长职

吴　宪

务的三人领导小组成员之一。1944 年在重庆中央卫生实验院组建营养研究所。1946 年任中央卫生实验院北平分院院长兼营养研究所所长。1947 年应联合国教科文组织的邀请，去英国出席第 17 届国际生理学会议。后被美国哥伦比亚大学聘为客座教授及研究员，1949 年应聘为亚拉巴马大学客座教授。1952 年秋因患心脏病辞职。

他一生发表论文 163 篇，其中有关血液及体液分析的 27 篇，气体、电解质平衡、仪器设备及蛋白质变性的 43 篇，营养、免疫及氨基酸代谢的 74 篇，其他方面的 19 篇，并出版了《营养概论》（1929 初版，1935 年已增订至 5 版）及《物理生物化学原理》（1934 英文版）两部著作。根据他于 1919 年提出的"血液系统分析法"，能制备出无蛋白质的血液，使血液中重要成分，如氨基酸、肌酸、肌酸酐、尿素、非蛋白氮以及血糖、乳酸等得以测定出来。

1929 年在波士顿召开的第 13 届国际生理学会上他提出蛋白质变性学说，认为天然蛋白质分子不是一长的直链而是一紧密的结构。这种结构是借肽键之外的其他键，将肽链的不同部分连接而形成的，所以容易被物理及化学的力所破坏，即从有规则的折叠排列形式变成不规则及松散的形式。这个学说对于研究蛋白质大分子的高级结构有重要价值。1927 年，他开始研究中国人的营养问题，着重阐明了素膳与荤膳的优缺点，并于 1938 年制定了《中国民众最低限度之营养需要》标准。他在临床化学、蛋白质化学、免疫化学以及营养学等领域都有许多创见和论述。他的血液系统分析法至今一直在临床诊断方面起着重要作用。

基本小知识

非蛋白氮

非蛋白氮是在生物学领域，体液中除去蛋白质剩余的各种含氮化合物中氮的总量。另一种说法是，血浆中除蛋白以外的含氮物质总称，主要包括尿素、尿酸、肌酸、肌酐、多肽、氨基酸、氨和胆红素等物质。

他于 1921—1927 年任中国科学名词编审委员会化学组委员，1926 年参与组织中国生理学会，并任第七届中国生理学会会长（1934）；1926—1941 年任《中国生理学杂志》（英文版）编委会常务编委；1936—1938 年任中华医学会营养委员会主席。他在美国曾参加多种有关生物科学及化学的学会，并任联合国粮农组织营养顾问委员会常务委员及热能需要量委员会委员；曾被选为德国自然科学院名誉院士及美国亚拉巴马州科学院院士。

◆ 威廉·诺尔斯

2001 年诺贝尔化学奖授予美国科学家威廉·诺尔斯、日本科学家野依良治和美国科学家巴里·夏普雷斯，以表彰他们在不对称合成方面所取得的成绩，3 位化学奖获得者的发现则为合成具有新特性的分子和物质开创了一个全新的研究领域。现在，像抗生素、消炎药和心脏病药物等，都是根据他们的研究成果制造出来的。

　　瑞典皇家科学院的新闻公报说，许多化合物的结构都是对称性的，好像人的左右手一样，这被称作手性。而药物中也存在这种特性，在有些药物成分里只有一部分有治疗作用，而另一部分没有药效甚至有毒副作用。这些药是消旋体，它的左旋与右旋共生在同一分子结构中。在欧洲发生过妊娠妇女服用没有经过拆分的消旋体药物作为镇痛药或止咳药，而导致大量胚胎畸形的"反应停"惨剧，使人们认识到将消旋体药物拆分的重要性。2001 年的化学奖得主就是在这方面作出了重要贡献。他们使用一种对映体试剂或催化剂，把分子中没有作用的一部分剔除，只利用有效用的一部分，就像分开人的左右手一样，分开左旋和右旋体，再把有效的对映体作为新的药物，这称作不对称合成。

威廉·诺尔斯

　　诺尔斯的贡献是在 1968 年发现可以使用过渡金属来对手性分子进行氢化反应，以获得具有所需特定镜像形态的手性分子。他的研究成果很快便转化成工业产品，如治疗帕金森氏症的药 L－DOPA 就是根据诺尔斯的研究成果制造出来的。

知识小链接

帕金森症

　　帕金森症又称"震颤麻痹"、巴金森氏症或柏金逊症，多在 60 岁以后发病，主要表现为患者动作缓慢，手脚或身体其他部分的震颤，身体失去柔软性，变得僵硬。最早系统描述该病的是英国的内科医生詹姆·帕金森，当时还不知道该病应归入哪一类疾病，称该病为"震颤麻痹"。

　　1968 年，诺尔斯发现了用过渡金属进行对映性催化氢化的新方法，并最终获得了有效的对映体。他的研究被迅速应用于一种治疗帕金森症药物的生产。后来，野依良治进一步发展了对映性氢化催化剂。夏普雷斯则因发现了另一种催化方法——氧化催化而获奖。他们的发现开拓了分子合成的新领域，对学术研究和新药研制都具有非常重要的意义。其成果已被应用到心血管药、抗生素、激素、抗癌药及中枢神经系统类药物的研制上。现在，手性药物的疗效是原来药物的几倍甚至几十倍，在合成中引入生物转化已成为制药工业中的关键技术。

◀❶▶ 琥珀酸脱氢酶提纯方法的创立者——王应睐

王应睐，生物化学家。半个世纪以来，在营养、维生素、血红蛋白、酶以及物质代谢等方面取得了一系列重要成果。在担任中国科学院生物化学研究所所长和中国生物化学学会理事长期间，对研究所的建设和学会的发展发挥了重要作用。在完成世界上首次人工合成结晶牛胰岛素和人工合成酵母丙氨酸转移核糖核酸的重大研究成果中，担任首席领导工作。为发展中国生化事业作出了杰出的贡献。

中华人民共和国成立后，王应睐对琥珀酸脱氢酶的分离纯化，辅基鉴定以及辅基与酶朊连接方式进行了系统的研究，取得了重要的成果，解决了20余年未获澄清的酶的性质问题，并对于辅基与酶朊的独特连接方式作了深入阐明。

王应睐

琥珀酸脱氢酶是生物体呼吸链上的一个重要组分。所谓呼吸链是生物体中一个由多种酶组成的系统，它是生物体把摄取的食物分解，释放出能量以维持生命活动的新陈代谢所必经的一条途径。

1950年，王应睐观察到鼠肝组织中琥珀酸脱氢酶活力与核黄素（异咯嗪）的摄取量密切相关，但要深入研究这个酶首先要解决酶的提纯。由于这个酶与具有脂双层结构的线粒体膜结合得比较紧密，很难溶解下来，所以提纯很不容易。针对这一特点，王应睐与邹承鲁、汪静英一起采用正丁醇抽提的方法，成功地把琥珀酸脱氢酶从膜上溶解下来，从而分离纯化得到高纯度的水溶性琥珀酸脱氢酶，其活力比同期国外报道者高出 1 倍以上。这一纯化方法至今仍为国外许多实验室所采用，只是稍加修改，在提取时不再加氰化钾而已。

氰化钾

基本小知识

  氰化钾是一种无机化合物，呈白色圆球形硬块，粒状或结晶性粉末，剧毒。在湿空气中潮解并放出微量的氰化氢气体。易溶于水，微溶于醇，水溶液呈强碱性，并很快水解。它的沸点是 $1497℃$，熔点是 $563℃$，接触皮肤的伤口或吸入微量粉末即可中毒死亡，与酸接触分解能放出剧毒的氰化氢气体，与氯酸盐或亚硝酸钠混合能发生爆炸。

  他对这个酶的性质的研究也有重要的发现，提出了充分的证据证明它是一种含有异咯嗪腺嘌呤二核苷酸和非血色素铁的酶，酶的蛋白部分与异咯嗪腺嘌呤二核苷酶是以共价键结合的，这是在酶的研究中第一个发现的以共价键结合的异咯嗪蛋白质，它为以后呼吸链有关酶系的分离和重组合的研究开辟了道路。这项工作居当时酶学研究的世界领先水平。1955 年，在布鲁塞尔举行的第三届国际生化大会上，王应睐宣读了这一研究的论文，受到极高的评价。1978 年获全国科学大会重大成果奖。

  王应睐基础理论研究的造诣很深，但他也很重视联系实际的工作。上海解放初期，南下的解放军战士由于只吃大白菜、豆腐与大米，普遍发生舌头糜烂，下身奇痒与溃烂等症状。上海警备区特请临床营养学家侯祥川教授与王应睐前去会诊，很快就被确诊为维生素 B_2 缺乏症。侯祥川对战士们进行治疗，王应睐则分析食品中维生素 B_2 含量，提出有效的措施，很快就解决了问题。

  抗美援朝时期我志愿军战士的主要食物是干粮，但是后方生产的干粮过不了多久就变质产生哈喇味，直接影响了部队的后勤供应与战斗力。王应睐接受了研究防止干粮脂肪氧化的任务，通过研究提出了切实可行的综合措施，包括利用含有天然抗氧化剂的黄豆粗豆油作为干粮的油脂来源，严格控制干粮中催化脂肪氧化的铜铁离子的含量以及采用经防氧化处理的包装纸等，完美地解决了问题。

1984年，王应睐退居二线，担任上海生物化学研究所名誉所长，他还领导一个课题组，并亲自选定方向，对近年来国际上分子生物学中的前沿课题——酶与核酸的相互作用开展研究。在这项研究工作中，他放手让课题组的中青年科技骨干挑重担，建立技术和方法，设计研究路线，并且对氨酰——tRNA合成酶本身进行了深入的研究，采取化学修饰，限制性酶解和基因克隆等方法获得了一批较高水平的成果，具有重要的理论价值，达到了国际先进水平。

美国生物化学家瓦克斯曼

瓦克斯曼，Selman Abraham Waksman（1888—1973），原籍乌克兰的美国生物化学家、土壤微生物学家。1888年7月22日生于俄国乌克兰，1910年移居美国，1916年入美国籍，1973年8月16日卒于美国马萨诸塞州。他1915年获美国新泽西州拉特格斯大学农学学士，翌年获硕士。1918年获美国加利福尼亚大学生物化学博士。此后，他一直在拉特格斯大学任职。

1913年他发现了土壤中的放线菌，从此他以放线菌作为他终生研究的对象，他除证明放线

拓展阅读

放线菌及种类

放线菌是原核生物的一个类群。大多数有发达的分枝菌丝。菌丝纤细，宽度近于杆状细菌，约0.2～1.2微米。可分为：营养菌丝，又称基质菌丝或一级菌丝，主要功能是吸收营养物质，有的可产生不同的色素，是菌种鉴定的重要依据；气生菌丝，叠生于营养菌丝上，又称二级菌丝；孢子丝，气生菌丝发育到一定阶段，其上可以分化出形成孢子的菌丝。

菌能分解土壤中的有机物外，还建立了沿用至今的瓦氏放线菌分类系统。1917 年，他发现土壤有机物的分解与微生物的酶有关。并为食品、制革和纺织等业提供了多种酶制剂。他于 20 世纪 20 年代明确提出，土壤腐殖质是动、植物残骸在土壤微生物的作用下形成的半分解产物，有利于改善土壤结构，为植物提供营养。他还改进了分析和分离土壤腐殖质的方法，并提出合理应用泥炭土的建议。1921 年，他分离出自养型氧化硫杆菌。20 世纪 30 年代，他阐明了细菌对海洋有机物的分解作用，分离出利用铜的细菌，还研究出用霉菌生产延胡索酸、柠檬酸和乳酸的方法，论证了锌及其他重金属对霉菌生长及其酸产量的影响。20 世纪 40 年代，他开拓了抗生素研究的新领域，从放线菌、真菌中分离出 22 种抗生素。其中链霉素、新霉素、放线菌素等都投入了生产。他一生培养了各国研究生 77 名，发表论文及综述 500 余篇，专著 28 部，其中《土壤微生物原理》享有盛誉，《放线菌及其抗生素》《我和微生物共同生活》等著作也很有影响。

　　他曾荣获美、英、法、意大利、日本、土耳其、西班牙等国奖金和奖状共 65 项。1943 年，拉特格斯大学授予他荣誉博士学位，法、德、日本、意大利等 10 国 21 所大学也相继授予他荣誉博士学位。1942 年，他作为第一位土壤微生物学家当选为美国科学院院士，不久又当选法国科学院院士。1952 年，他以发现链霉素的卓越贡献获诺贝尔生理学或医学奖。1954 年，由他创建的拉格斯特大学微生物研究所（现名瓦克斯曼微生物研究所）是国际微生物学学术活动的中心之一。